『天工开物』
——中国大发明书系

印刷术

华觉明　冯立昇　主编

李　英　著

U0255664

中原出版传媒集团
中原传媒股份公司

大象出版社
·郑州·

图书在版编目（CIP）数据

印刷术／华觉明，冯立昇主编；李英著. — 郑州：
大象出版社，2022. 7
（"天工开物——中国大发明"书系）
ISBN 978-7-5711-1385-8

Ⅰ．①印… Ⅱ．①华… ②冯… ③李… Ⅲ．①印刷术
-中国-古代 Ⅳ．①TS805

中国版本图书馆 CIP 数据核字（2022）第 047566 号

"天工开物——中国大发明"书系

印刷术
YINSHUASHU

华觉明　冯立昇　主编

李　英　著

出 版 人　汪林中
选题策划　张前进
责任编辑　杨　兰
责任校对　牛志远
装帧设计　付锁锁

出版发行　大象出版社（郑州市郑东新区祥盛街 27 号　邮政编码 450016）
　　　　　发行科　0371-63863551　总编室　0371-65597936
网　　址　www. daxiang. cn
印　　刷　北京汇林印务有限公司
经　　销　各地新华书店经销
开　　本　890 mm×1240 mm　1/32
印　　张　8. 625
字　　数　92 千字
版　　次　2022 年 7 月第 1 版　2022 年 7 月第 1 次印刷
定　　价　56. 00 元
若发现印、装质量问题，影响阅读，请与承印厂联系调换。
印厂地址　北京市大兴区黄村镇南六环磁各庄立交桥南 200 米（中轴路东侧）
邮政编码　102600　　　　　　电话　010-61264834

总　序

　　中国的"四大发明"因对近代世界历史进程产生过重要影响而备受国人的关注，"四大发明"的说法也广为人知。但"四大发明"是源自西方学者的一种提法，这一提法虽有经典意义，却有其特定的背景和含义，它远不能全面地反映中国的重大发明创造与技术文化传统。中华五千年文明史上的重大发明远不止这四大发明。20世纪以来特别是近几十年来中国的科学技术得到了快速的发展，在社会和经济发展中扮演着越来越重要的角色。中国历史上究竟有哪些重大发明创造，不仅受到学界的关注，也成为公众关心的问题。要想实事求是、客观科学地回答这个问题，必须在中国科技史研究的基础上作进一步的探索和梳理，从中遴选出具有原创性、特色鲜明、对中国乃至世界文明进程有突出贡献和重要影响的重大发明，论述其发生的背景和演进过程。为此，我们邀请科技史及相关领域的专家编写了《中国三十大发明》一书，并于2017年5月出版。该书出版后获得学界和读者的好评，并受到广泛关注，先后荣获第十三届文津图书奖和科技部2018年全国优秀科普作品奖，入选2017年度"中国好书"和改革开放"40年中国最具影响力的40本科学科普书"等。

为了进一步推动中国发明史的研究，普及中国科技文化知识，我们在《中国三十大发明》一书的基础上，又组织编纂了这套"天工开物——中国大发明"书系，目的是更全面细致地阐述中国重大科技发明的内涵，搞清楚其来龙去脉，使读者能够更好地理解和认识中国古代重要科技发明创造及其历史与现代价值。本套丛书中每一本的篇幅都不大，侧重于知识普及，图文并茂，尽可能让读者在不太长的时间内，从科技史家的叙述中，获取每一项发明的有关信息和知识。

中国有着悠久的历史文化，中华民族曾经有过许多伟大的发明创造。这些发明创造不仅推动了中华文明的进步，而且对世界文明的进程也产生了重大影响。每一个中国人都应当尽可能正确地了解历史，中国的事情中国人自己要弄清楚，在发明创造的问题上，中国人要有自己的话语权。本套丛书力求体现文化自觉的理念，尽可能全面总结中华民族对人类科技文明的重大贡献。在重大发明遴选方面，我们进行了调整和扩充，将三十项发明扩展为四十余项，特别是适当增加了中国现当代的重大发明。本套丛书从文化传统和全球视野两个方面对中国大发明进行了观照。如汉字和中式烹调术，过去较少被视为重大发明，但它们是中华文明的重要象征，在中国文化与技术传统中占有重要位置，足以列为中国重大发明。特别是汉字，作为中国人记录信息和表达思想的工具，至今还充满生机，不仅对中华文化的形成、传播和传承具有不可替代的作用，而且对日本、朝鲜和越南等周边国家和地区产生了巨大影响。中式烹调术对提高人民生活质量和增强身体健康发挥了重要的作用，随着中国综合国力和国际影响力的增强，中式烹调术也传播到世界各地，并扮演着越来越重要的角色。传统的中医药也蕴含着一些现代科技的先驱性成果，如人痘接种术就属于产生了世界影响的免疫学先驱性成果。

我们对中国现当代重大发明同样给予了关注，如以屠呦呦为代表的中国科学家，在继承传统中医临床经验的基础上，运用现代科学手段提取出一种高效低毒的抗疟疾新药青蒿素。青蒿素药物用于临床后，挽救了成千上万患者的生命，为人类健康做出了巨大贡献。水稻是世界的主要粮食作物之一，是全世界约一半人的主食，袁隆平发明的超级水稻栽培技术堪称世界级的原创性重大发明。王选创立的汉字激光照排技术是中国现代印刷技术史上的重大发明，对科学和文化的传播起到了重要的促进作用。文化自觉是一个艰巨的过程，一方面要认识我们的技术文化传统，增强文化的认同感和自信心；另一方面要更新和转化我们的文化传统与科技，使传统技术与外来的近现代科技对接和融合，同时使现代科技在中国扎根并得到长足发展。

发明与发现是人类社会文明发展内在的原生性动力。中国古代科技有着辉煌的成就，我们的先人对世界文明的进步做出了重要贡献。百余年来，中国一直处于社会剧烈变化和文化转型时期，重大发明创造不多也在情理之中。我们应当在珍惜、重视民族文化传统与历史经验的同时，掌握文化转型与科技发展的主动权，不断提升自主创新能力，为人类科技和文明的发展做出更大的贡献。从历史的长时段发展趋势看，中国科学技术已进入新的加速发展期，中国人的创新意识和创新能力已被激活，今后原创性的发明创造会越来越多，中国科技的繁荣昌盛是可以期待的。

中国历史上究竟有多少重大发明，是一个仁者见仁、智者见智的问题，难免会存在不同的说法或争议。我们希望本套书的出版能够引起更多专家和读者的关注并参与探讨和切磋，进一步完善相关问题的研究，也欢迎学界同仁和广大读者对我们的工作惠予指正。

华觉明　冯立昇

2021年7月28日

序　言

2019年5月15日亚洲文明对话大会开幕式上，习近平在演讲中两次讲到印刷术："在数千年发展历程中，亚洲人民创造了辉煌的文明成果。《诗经》《论语》《塔木德》《一千零一夜》《梨俱吠陀》《源氏物语》等名篇经典，楔形文字、地图、玻璃、阿拉伯数字、造纸术、印刷术等发明创造……都是人类文明的宝贵财富。""中国的造纸术、火药、印刷术、指南针、天文历法、哲学思想、民本理念等在世界上影响深远，有力推动了人类文明发展进程。"

众所周知，在5000多年的文明发展进程中，中华民族创造了高度发达的文明。我们的先人们不仅发明了造纸术、火药、印刷术、指南针，也为世界贡献了无数其他的科技创新成果。其中，印刷术更是被誉为"文明之母"。中国人发明的印刷术，引领和启发了世界其他地区印刷术的发展，极大地推动了人类文明的进程。从纵的方向看，印刷术逐渐演进，人们在不断的探索中积累着经验；从横的方向看，东西方的印刷术既有交流传播、互学互鉴，又别开生面，全世界共同将印刷术发扬光大。

印刷术是一项集大成的工艺技术，它是政治、经济、文化等方面发展到一定阶段和水平的必然产物。印刷术的发明经历了漫长的积累过程，包括：以文字为代表的文化基础，以纸张为代表的物质前提，以拓印为代表的技术准备，以大众阅读为代表的社会需求，等等。

中国不仅最早发明了雕版印刷术，而且在泥活字、木活字、金属活字等方面的应用也都是世界最早的。从宋代开始，中国就出现了双色套印技术，到元代已将该技术正式用于印书，而且套印技术从双色发展到了三色、四色。明代首创的饾版彩色套印法，是世界上最早可以印出近似于绘画原作的、有渐变层次的印刷品的印刷方法。宋代出现了铜版印刷，这说明早在宋代就已经基本解决了适用于金属版的印墨技术问题。在元代，中国人发明了用于排版、拣字的机械设备……

　　人类命运共同体把生活在同一个星球上的世界各国人民紧紧地联系在一起。印刷术也自发明它的故乡传播到世界各地，成为推动人类文明进步、交流互鉴，以及推动文化多样性的"最强大的杠杆"。中国的印刷术通过海上、陆上丝绸之路传入欧洲。1450年前后，德国人谷登堡发明了机械印刷术，这种印刷术以印刷机的发明为核心。几十年后机械印刷术传遍整个欧洲。

20世纪80年代，中国人王选所领导的科研集体成功研制出汉字激光照排系统，这项发明被誉为"汉字印刷术的第二次发明"。王选汉字激光照排技术的发明创造，标志着汉字印刷领域开启了数字化的进程，也为汉字插上了信息化的翅膀。互联网彻底改变了许多传统行业，印刷行业也不例外。随着数字技术、材料技术的发展应用，印刷应用领域从图像、文字的复制印刷拓展至产品制造的功能印刷。

试想，如果没有印刷术的发明，中华文明能否代代传承？西方能否结束"黑暗时代"？答案当然都是否定的。然而，对于我们璀璨的文明瑰宝，还有很多人心存疑惑："四大发明"这个概念是谁提出来的？为什么不是美国、英国、埃及或印度发明了印刷术？为什么说谷登堡并不是活字的发明人？印刷术在当代是怎样的形态？……这些问题，在本书中都能找到答案。

目　录

第一章

印刷术的起源与发明

　　"印刷术"这个词对于中华民族来说，既有文化属性，也有技术属性，还富含特殊的民族感情。它不仅是众所周知的中国古代四大发明之一，还被人们誉为"文明之母"。马克思指出，印刷术是"新教的工具""科学复兴的手段""对精神发展创造必要前提的最强大的杠杆"。在恩格斯的笔下，印刷术是"启蒙者"，也是"崇高的天神"。中国人最早发明了雕版印刷术，为了适应各种需求，又在印刷工艺和方法等方面不断创新，相继发明了泥活字印刷、木活字印刷、金属活字印刷、套色印刷、饾版印刷、拱花印刷，以及磁版印刷和泥版印刷等。这些不断进步革新的印刷术在历史上异彩纷呈。在印刷材料方面，除版材不断更新优化之外，印墨技术也不断改善和进步。总之，在古代印刷史上，中国人有着一系列丰富的发明，而且持续创造创新，对人类

2009 年联合国教科文组织为中国雕版印刷技艺颁发的世界非物质文化遗产证书

文明和社会进步做出了巨大贡献。

第一节　四大发明与印刷术

造纸术、印刷术、火药、指南针是中国古代的四大发明，也是中国人的荣耀与骄傲。然而，为什么它们被称为四大发明？是谁最早提出的四大发明？又是什么时候提出来的？……这些问题的答案却鲜为人知。

事实上，最早被提出来的概念不是"四大发明"，而是"三大发明"，其中没有造纸术。"三大发明"也不是中国人最先提出来的。中国科学院自然科学史研究所前所长、中国科学技术史学会前副理事长仓孝和先生在《自然科学史简编》中写道，1550年，意大利数学家杰罗姆·卡丹（Jerome Cardan，1501—1576）首次指出，磁罗盘（指南针）、印刷术和火药是中国的三大发明，是"整个古代没有能与之相匹敌的发明"。

从16世纪开始，西方学者将印刷术作为重要发明开展相关学术研究，并且慷慨地给予印刷术各种荣誉。英国哲学家弗兰西斯·培根（Francis Bacon，1561—1626）除了高呼"知识就是力量"，还曾写道，印刷术、火药、磁石（指南针），曾改变了整个世界的面貌和情况，"并由此又引起难以数计的变化来；竟至任何帝国、任何教派、任何星辰对人类事务的力量和影响都仿佛无过于这些机械性的发现了"。

19世纪时，西方学界对印刷史的研究达到高峰。马克思、恩格斯等伟大的学者纷纷对印刷术的重要贡献极力赞颂。1838年，英国传教士、汉学家麦都思（Walter Henry Medhurst，1796—1857）在其鸿篇巨制《中国的现状与传教展望》中，同样对中国人的三大发明给予了高度评价："中国人的发明天才，很早就表现在多方面。中国人的三大发明（航海罗盘、印刷术、火药），对欧洲文明的发展，提供异乎寻常的推动力。"

1884年，英国传教士、汉学家艾约瑟（Joseph Edkins，1823—1905）在上述三大发明中首次加入造纸术。艾约瑟著有《中国的宗教》一书，在认真比较中国与日本两国文明后指出："我们必须永远记住，他们（指日本）没有如同印刷术、造纸术、指南针和火药那种卓越的发明。"

美国学者卡特（Thomas Francis Carter，1882—1925）在 1925年出版的《中国印刷术的发明和它的西传》一书中写 道："欧洲文艺复兴初期四种伟大发明的传入流播，对现代 世界的形成，曾起重大的作用……中国的发明物中，以影响 于欧亚文化的程度而言，当以造纸和印刷术最著名。"

最先完整表述"四大发明"的是中国人。20世纪30年 代出版的中国历史教科书中，"三大发明"的概念开始频 繁出现。1933年，中国学者陈登原编著的《陈氏高中本国 史》由世界书局出版，书中专门将"四大发明"作为一个 条目来阐释，他指出："在近代，中华民族，似不曾对于 世界有所贡献。然而在过去，确曾建立不少的丰功伟业。 即以'四大发明'而论，中国人不知帮助了多少全人类的 忙！纸与印刷，固为近代文明所必需的物件，即军事上用的火药，航海时用的罗针，何当效力稀小？然而，这四者，都是在中国史上，发现得最早呢！"从此，"四大发明"的表述正式进入中国教科书的知识体系中，并逐渐传播开来。1940年，当时的教育总署编审会所著《高小历史教科书》中，对"四大发明"的产生与传播进行了论证。这样，经过几代教科书编撰者们的努力，"四大发明"之说在中国逐渐成为一种常识，被普通大众理解并记忆。

1954年，英国科学家李约瑟（Joseph Needham，1900—1995）的名著《中华科学文明史》（又译为《中国科学技术史》）由剑桥大学出版社隆重出版。该书的问世，引发了世界科技史学界的广泛关注，使中国古代辉煌的成就被西方人所了解，也使"四大发明"闻名世界。很多人将李约瑟作为最早提出"四大发明"概念的人，这完全是误会。

陈登原编著的《陈氏高中本国史》，世界书局 1933 年出版

陈登原编著的《陈氏高中本国史》中单列出来的"四大发明"词条

第二节　印刷术的定义

提到印刷术，人们脑海中就会浮现出印刷出版的书籍。为什么会有这样的印象呢？因为我们经常能听到这样一句话："印刷术是人类的文明之母。"这里所说的印刷术确切地说是指印书术。书籍出版是印刷术在古代最主要的应用领域之一。但是，即使是在古代，印刷术的应用也并不局限于新闻出版文化领域，它在美化生活、商业推广等方面同样做出了巨大的贡献，如印花织物、纸牌、墙纸、年画、票证……

所以尽管我们对印刷术耳熟能详，但是要解释其准确的定义却不是那么容易。因为任何一项工艺技术都要经历发明创造、改进革新的发展过程。古老的印刷术在发明与发展进程中不断创新的特点尤其突出。所以，印刷术的定义需要历史地、辩证地看待，它不是一成不变的，而应当是与时俱进的。

印刷作为一个词，最早出现在近千年前的《梦溪笔谈·技艺》里："一板印刷，一板已自布字。"查阅当今的工具书和相关国家标准，印刷有如下定义：

《辞源》："刊行图书，按文字、图画的原稿制成印版，用棕刷涂墨于板上，铺纸，后用净刷擦过再揭下，如此反复，叫印刷。"

《现代科学技术词典》（1980年版）："把油墨从印版表面转移到纸（或其他材料）上以复制图像或文字的任何方法。"

上述对于印刷的表述虽略有不同，但我们还是能总结出印刷的三个要素：一是图、文，二是印版，三是压印。

不过随着时代的发展，我们越来越感觉到这种定义的局限性。印刷术是一门工艺技术，属于科学技术的范畴。科学技术的不断创新，必然导致印刷术定义的更新。现代社会中数字技术、网络技术与印刷技术的结合更是颠覆了印刷术的传统定义。《印刷技术术语　第1部分：基本术语》（GB/T 9851.1-2008）中将印刷定义为："使用模拟或数字的图像载体将呈色剂/色料（如油墨）转移到承印物上的复制过程。"所以，在科技日新月异的今天，很难用一成不变的定义来描述这个技术性强、历史悠久的词。新时代的我们，完全可以换一个角度看印刷。技术永不停步，如果从文化的角度定义的话，印刷术可以说是表达并传播人类思想的一种技术。

如果问当今的人们：装饰画算不算印刷品？T恤衫上的图像是不是印刷品？塑料包装上的图画是不是印刷品？相信答案应该是一致而且肯定的。印刷的对象不仅是文字，也可以是图案；印刷的材料既可以是纸张，也可以是织物、金属、塑料……甚至可以说"除了水和空气，无所不能印刷"。印刷远不止白纸黑字，它还为读者呈现出广义印刷术的千年明艳画卷。

那么，最早的印刷术是什么？

应用于美化生活领域的印花技术出现的时候，印刷术还只是一项普普通通的工艺，与"文化神"毫无关联。但当这项技术应用于文字，服务于文化传播领域的时候，它才容光焕发地登上了历史的舞台，中国的和西方的学者才毫不悭吝，赋予了它最崇高的赞美。

最早的文字印刷术便是雕版印刷术，是指将文字、图像反向雕刻于木板上，再于印版上刷墨、铺纸、施压，使印版上的图文转印于纸张的工艺技术。之所以前面加上"雕版"二字，是为了区分不同的工艺，像"活字""石版"等一样，是"印刷术"前面加的定语。如同"家用电脑"一词，早期就是指台式电脑，但是在发展出轻薄的笔记本电脑之后，为了与之区分，就在"电脑"前面加上定语"台式"。雕版印刷术中的雕版在古代也称镂版、刻版、椠版、梓版、刊版等，雕版印刷又称付梓、梓行、刊行等。古代文献中，往往"版""板"通用。

第三节　发明的基础

关于印刷术的发明，首先有一些问题值得思考：为什么是中国发明了印刷术？为什么不是美国或欧洲率先发明了印刷术？

只有理清了雕版印刷术的发明历程，人们才能理解印刷术的伟大，才能钦佩先人们的聪明才智，才能为这项

"中国智造"而自豪。总的来说，印刷术的发明需要五个必要条件：一是基础要件——文字；二是基础技艺——印花和印章；三是中国独有要件——造纸术；四是中国独特的技术先导——拓印术；五是发明的动力——社会需求。这五个条件缺一不可。

一、基础要件——文字

在文明诸要素中，文字的产生是最重要的标志。文字产生之前，结绳记事是早期记事常用的方法。先民大事大结，小事结小结。《周易·系辞下》记载："上古结绳而治，后世圣人易之以书契，百官以治，万民以察，盖取诸夬。"人们把传说中黄帝的史官仓颉（也称苍颉）作为汉字的创造者。"仓颉造字"的传说，流传久远，战国时期《淮南子·本经训》中有记载："昔者苍颉作书，而天

铅活字

雨粟，鬼夜哭。"古人认为仓颉造字是一件"天大"的事情，足以惊天地，泣鬼神。随着越来越多的考古发现，我们将汉字的起源追溯到约8000年前。人们普遍认为，汉字是经历了象形符号的逐渐演变而发展成熟的。现代考古在河南舞阳贾湖遗址发现了距今约8000年的具有文字性质的刻符，在安徽蚌埠双墩遗址发现了距今约7000年的刻符，在仰韶文化中的陕西西安半坡遗址发现了距今约6000年的彩陶刻符，在良渚文化中的浙江嘉兴庄桥坟遗址发现了距今约5000年的刻符。李伯谦先生认为，良渚文化的这些字符已经可以连字成句了。现代考古还在山东大汶口遗址发现了距今4500多年的刻符，在山西襄汾陶寺遗址发现了距今约4000年的朱书文字。

3000多年前的商朝人刻写在龟甲或兽骨上的文字，被称为"甲骨文"。商人几乎每天都要在龟甲上进行占卜。关于甲骨文的发现，有着"一片甲骨惊天下"的传说。1899年，清末学者、金石学家王懿荣最早在中药"龙骨"中发现了甲骨文。从王懿荣发现第一片甲骨文至今，殷墟共发现带字甲骨约16万片，使用单字4500多个，可识字2000多个，已具备了汉字结构的基本形式。

汉字是我们中华民族的基因密码，是我们独特的精神标识。但汉字不是世界上最古老的文字。其他的文明古国也有其独特的文字，比如古埃及的象形文字、古巴比伦的楔形文字、古印度的象形文字。但是它们很早就消亡了。只有汉字在甲骨文之后，经历了金文、大篆、小篆、隶书、楷书、行书的字体演进，基本定型。所以世界上只有

山西陶寺遗址（新石器时代晚期）出土的朱书扁壶，有学者考证朱砂刻画的符号为"文"字

甲骨文碎片

我们中国人在阅读两三千年前祖先的文字时没有障碍。

二、基础技艺——印花和印章

制作印章过程中的雕刻技术一直被认为是印刷术发明的技术先导。印章在古代文明里很早就出现了，并且它不仅仅是在中华文明中出现，在世界其他文明古国，像古埃及、古印度等都有很早的印章出土。印章通常是将反体的文字阳刻或阴刻在金属、石材或木料上。中国古代，印章除用作权力的象征以外，在纸张发明之前，它还有一些实用功能。如烙印，就是在人、牲畜或器物上烫出火印；如打印，像战国时期在黄金币上钤印文字；再如盖在封泥之上，作为古代竹简、木札等公私文书的封口凭记。通常在封发时用绳子捆缚，用封泥包裹在打结处并盖上印章，这样就起到了保密的作用。造纸术发明之后，印章常用于沾上色料盖印在纸上，可快速制作文字的复制件。印文分为阳文和阴文，阳刻者盖印出来为阳文，阴刻者盖印出来为阴文。一般古代印章的字数较少，印面也小，但也有一些字数多、印面较大的。据东晋葛洪（约281—341）所撰《抱朴子内篇》记载，道士入山，为了避免虎狼及鬼魅的侵害，要带上一种刻有120字的印章。这种印章是盖在封泥之上的，若盖在纸上，就相当于一件小小的印刷品。在南北朝以后，出现了许多盖印章的佛像，敦煌文献中就有不少实物遗存。

在中国，以纺织品为承印物的印花技术历史悠久。至迟在西汉前期，凸版印花技术就已经非常成熟了。凸版印花是用木板或其他材料雕刻成凸出的花纹，然后在纺织品上压印而成。1972年，湖南长沙马王堆一号汉墓出土了数件印花纱，分为两类：一类是印花敷彩纱，一类是金银色印花纱。

战国郢爰六枚版。郢爰是先秦楚国的黄金货币，"郢"为楚都城名，"爰"
为货币重量单位，上用印凿打钤印文

战国铜印章，安徽寿县出土，上大下小，下端呈方形，有反书阳文"郢爰"
两字。因长期使用，顶端有明显的锤打痕迹，说明它是锤打郢爰钣金所
用的铜印凿

就工艺本身而言，印花术与印刷术是相似的，但它与印刷术的主要区别表现在内容、承印物和功用三个方面。

三、中国独有要件——造纸术

自文字产生以来，人类就一直在寻找轻便易得、能大量生产的廉价书写材料。世界各地的人们曾使用过泥板、羊皮记事。古埃及人用莎草茎切片编排后经重压而制成莎草纸。古印度人用贝多树叶写字。中国人曾使用丝绸、木牍、竹简书写。但所有这些书写材料，都有诸多局限。

105年，蔡伦（约62—121）奏报朝廷后向民间推广了价格低廉、工艺简便、实用方便，真正意义上的纸张。《后汉书·蔡伦传》记载："自古书契多编以竹简，其用缣帛者谓之为纸。缣贵而简重，并不便于人。伦乃造意，用树肤、麻头及敝布、鱼网以为纸。……自是莫不从用焉，故天下咸称'蔡侯纸'。"纸因而成为理想的文字载体，并逐渐得到推广。它使记录知识、传播知识的工具实现了根本性的变革。纸张不仅是印刷术的重要材料，而且因纸张的发明而引发的文化需求成了催生印刷术发明的重要动力。

蔡伦和他的发明，深刻地影响了人类文明的进程。在美国学者麦克·哈特所著的《影响人类历史进程的100名人排行榜》一书中，蔡伦位列第6位。

在中国古代的四大发明之中，造纸术是最早传播到其他国家的。751年，怛罗斯战役后，中国工匠开始传授阿拉伯人造纸术。794年，在中国工匠的指导下，阿拉伯帝国在都城巴格达建立了造纸工场。1276年，意大利半岛中部的蒙地法诺地区建起了意大利的第一家生产麻纸的造纸厂。此后，欧洲人开始改良造纸技术。1797年，法国人路

《纸店图》，摘自《中华造纸艺术画谱》。此书根据乾隆时法国耶稣会士蒋友仁在中国的记录资料编辑而成，通过27幅水粉画描绘了竹纸的制造工艺流程，于1775年在法国出版

易斯·罗伯特（Louis Robert，1761—1828）发明了用机器造纸的方法。

四、中国独特的技术先导——拓印术

拓印技术是中国古代独有的发明，可以说是雕版印刷术的雏形。"独有"二字就是强调这项技艺不仅是中国人发明的，而且基本只在古代中国广泛应用。世界上的其他文明古国都有刻石记事的传统，但只有中国人发明了拓印技艺，主要原因包括：一是其他文明古国没有生产薄且韧的纸张的能力，二是其他文明古国没有中国人对汉字书法艺术那么狂热的追求。

拓印，又称拓石。其工艺主要有四步：第一步是先将拓纸折叠浸泡，使之含水均匀备用；第二步是将浸泡好的宣纸展开敷在印版上面，用棕刷反复刷扫，使纸与图文的凹凸紧密贴合；第三步是待纸干燥后，用着墨的拓包通过擦拓、扑拓等技法，使拓纸由浅入深均匀着墨，最后达到黑白分明、字口清晰的效果；第四步是将纸揭下来，完成一张复制件拓片、拓本，最后统一整理或装裱。

　　关于拓印技术发明的时间，现在还没有找到确切的答案。不过，从《隋书·经籍志》中能找到一些这方面的线索。《隋书·经籍志》卷三十二中著录了《秦皇东巡会稽刻石文》1卷、《一字石经》34卷（即东汉《熹平石经》）、《三字石经》17卷。其注曰："后汉镌刻七经，著于石碑，皆蔡邕所书。魏正始中，又立三字石经，相承以为七经正字。……贞观初，秘书监臣魏征，始收聚之，十不存一。其相承传拓之本，犹在秘府。"这里的"相承传拓之本"说的就是拓本。

　　需求是"发明之母"。刺激拓印的最早事件有可能就是东汉洛阳城南的太学讲堂门前立《熹平石经》一事。

《后汉书·蔡邕传》里记载："邕以经籍去圣久远，文字多谬，俗儒穿凿，疑误后学，熹平四年，乃与五官中郎将堂溪典，光禄大夫杨赐，谏议大夫马日磾，议郎张驯、韩说，太史令单飏等，奏求正定《六经》文字。灵帝许之。"175年，蔡邕向汉灵帝提出校正经书、刊刻于石的请求，获批准。此时，造纸术恰好经历了革命，日渐成熟，拓印术的诞生可谓是水到渠成。可以想象，当时的文人们为了应付考试，不受诸多错误版本的误导，必须准确地记录下《六经》，因此靠手抄显然并不靠谱。就在这种迫切的需求下，人们最终探索出了拓印这项可以快捷且完全准确地复制原本的技术。

中国人对书法的热爱是深入骨髓的。尤其是在古代，书法是古代文人生活的一部分。因此，书法家的作品、学习书法范本成为专门的书籍门类，最早就称为"法书"。由于书法作品独一幅，要流传、临摹、学习必须复制，而拓印术是最为精准的复制手段。所以，中国古代有石印书法作品的传统，后来演进至木印。其工艺是：先将书法作品雕刻在石板或木板上，制成印版，再铺纸拓印，经装裱，制成法书。杜甫有一首诗《李潮八分小篆歌》："仓颉鸟迹既茫昧，字体变化如浮云。陈仓石鼓又已讹，大小二篆生八分。秦有李斯汉蔡邕，中间作者寂不闻。峄山之碑野火焚，枣木传刻肥失真……"由于"峄山之碑野火焚"，加上石碑有笨重、难刻等缺点，后人以木代之，继续摹拓。正如唐代窦臮《述书赋》注所云："（李斯）作小篆书《峄山碑》，后具名衔。碑既毁失，士人刻木代之，与斯石上本差稀。"这里"刻木"的时间当在杜甫《李潮八分小篆歌》所述的盛唐之前，是指隋朝和初唐。

"枣木传刻肥失真"，已非原汁原味，不过，以木代石的方法，解决了石碑笨重、难刻等弊病。

直到唐初，印刷术广泛应用之前，还有拓书手这一职业。拓书手个个都是书法家，既负责描摹名家书法，也负责拓本法书的拓印。据《唐六典》卷八载，弘文馆有拓书手三人，李林甫注："贞观二十三年（649）置。龙朔三年（663），馆内法书九百四十九卷并装进，其拓书停。神龙元年（705）又置。"东宫所属崇文馆亦设置拓书手二人。据《新唐书》载，开元六年（718），集贤殿书院有六人专门从事拓印工作。

总之，拓印术是最早的印书术，拓印而成的书，是最早的印本。它与后来被称为"文明之母"的印刷术相比，主要有两个缺点：一是黑底白字，不利于长篇文字的阅读，也颇为费墨；二是费时费力，成品速度相对缓慢而且

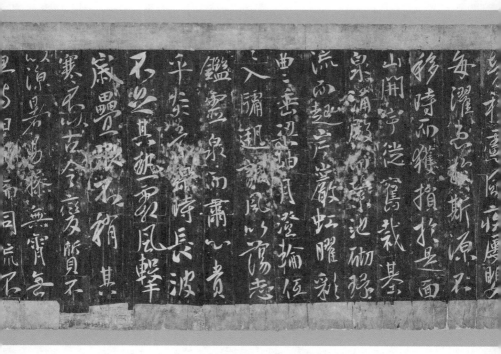

《温泉铭》拓本局部，敦煌藏经洞出土，唐永徽四年（653）以前所拓，现藏于法国国家图书馆

工序较多。自拓印术应用之日起，印刷术的诞生已是万事俱备，只欠东风的事情。

五、发明的动力——社会需求

发明都是为需求而生。如果没有需求这股"东风"，哪怕"万事俱备"，也结不出发明的硕果。

随着南北朝混乱局面的结束、隋唐大一统局面的形成，中国进入一个长期、持续的发展时期。城市快速发展，工商业有了很大的进步，社会阅读需求逐渐形成。隋唐时期大众阅读需求主要来自三个方面。

1.民间需求

唐初在施行均田制的基础上，颁布了租庸调制。租庸调制的实行使中国农民愈加安定，有较多的时间从事农业生产，有利于社会经济的发展。进而，农业生产水平的

提高需要来自专业的指导，历书等日用读物需求增加。人们安居乐业后需要娱乐，唱词、占卜类读物需求也日益增多。《旧唐书·文宗下》载："丁丑，敕诸道府，不得私置历日板。"

2.读书需求

科举制度从隋朝开始实行，到清光绪三十一年（1905）废止，前后经历1000多年。科举制度使社会底层百姓可以实现阶级向上流动，这极大地刺激了全社会的读书

《北齐校书图》描绘的是北齐天保七年（556），文宣帝高洋命樊逊、高乾和等人校勘宫廷所藏五经诸史的故事。画中有3组人物，居中者士大夫4人坐榻上，或展卷沉思，或执笔书定，或欲离席，或挽带留之

热情。自此中国古代庶民家庭厚植"耕读传家"的家风。

　　此外，印刷术的发明与藏书家的需求密切相关。藏书家获取图书的手段，除了借抄、赠送，大多是买来的。欧阳修《集古录》里说："物常聚于所好，而常得于有力之强。有力而不好，好之而无力，虽近且易，有不能致之。"在印刷术发明之前，图书的复制主要靠人工抄写，一部书需要长年累月地抄，图书的品种和复本是极其有限的，满足不了藏书家的需求。藏书家越多，对图书的需求量就越大，藏书就越困难，人们发明印刷术的渴望就越强烈。

3.信仰需求

一般来说，唐初期（7世纪）是丝绸之路的鼎盛期，东西方政治、经济、文化交流空前繁荣。文化交流繁荣，促进了佛教、道教等宗教传播的兴盛。作为中国本土的宗教，道教在唐初期被定为国教。道教自古以来就有符咒一类的传播需求。早在东晋时期，道教徒就佩戴符咒之印。有相当多的百姓对道教的纸质咒语、护身符有所需求。道教之外，印刷术的发明与外交和佛教密切相关。中国自古就保持和世界各国友好往来，尤其是与印度交流方面，中印僧人互相到彼此的国家取经，使得印度大量经、医学、天文历法等相关著作流入中国市场，同理，中国的大量著作也涌入了印度图书市场。佛教信徒把念佛、诵经、造像、布施等视为"功德"之事。道教、佛教越兴盛，写的

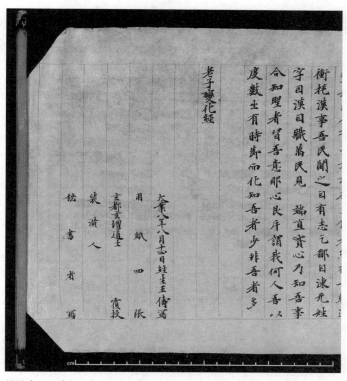

敦煌出土的《老子变化经》，抄于大业八年（612），由职业经生王俦抄写，出版单位为秘书省

经越多，则发明印刷术的呼声越高。由此可见，文化交流需要图书，宗教传播需要图书，印刷术的发明是在丝绸之路的驼铃声和佛寺、道观殿堂的祈福声中诞生的。

文化基础、物质材料、工艺技术都成熟完备之后，在隋唐时期社会大众阅读需求的刺激下，雕版印刷术得以发明。雕版印刷术开创了纸质印本书籍的先河，人类社会从此逐步淘汰了笨重的竹简书、昂贵的帛书，告别了手抄本书，开启了规范、轻便、快捷的印刷书籍时代。

第四节　发明的时间

通过对历史文化、工艺技术的梳理，总结起来：中国印花和拓印技艺的积淀、笔墨纸张的应用，以及社会大众的阅读需求，都为雕版印刷术的发明提供了必要的条件。

因此，在繁荣的隋唐时期，印刷术的发明是水到渠成的事情，有关印刷术发明的时间也就水落石出了。它不是某一个人在某一天发明的，而是中国古代文化之集大成者。对于它的起源和发展，大多数人认同明代学者胡应麟在《少室山房笔丛》中的概述："雕本肇自隋时，行于唐世，扩于五代，精于宋人。"

2015年1月，中国科学院自然科学史研究所"重要发明创造"研究组组织相关专家，经过近一年半的集体调研，推选出"中国古代重要科技发明创造"85项，分为科学发现与创造、技术发明、工程成就三类。雕版印刷术作为技术发明之一位列名录第61项，研究组将发明年代确定在公元7世纪。

综上所述，人们说的印刷术指的是雕版印刷术，而不是活字印刷术。雕版印刷术开启了汉字、书籍，甚至可以说文化传承、传播标准化的进程。从此，知识的传播和传承相对规范而统一。雕版印刷术的发明和推广应用，降低了书籍的成本，提高了书籍的生产效率，加速了知识的传播，推动了文明的进程。雕版印刷术发明后，产生了一整套图书刻版、印刷、销售的产业链，也带动了制墨、造纸业的发展。印刷出版业从此成为社会新的经济增长点。在人类历史上，雕版印刷术广泛应用了1000多年。因此，它是迄今为止，人类文化传播技术手段中占据主流地位时间最长、生命力最强的一种技术。

第二章
雕版印刷术的发展历程

　　从7世纪起，直至19世纪西方机械印刷术传入中国的约1200年间，中国的出版技术一直以雕版印刷为主。活字印刷术、套版印刷术等都是在雕版印刷术的基础上发明的。雕版印刷术的发明，使得中国在长达6个世纪的时期内一直是世界上唯一能广泛复制书面文字、拥有最丰富藏书的国家。

　　9世纪时，雕版印刷术在中国的应用已相当普遍。宋代雕版印刷更加发达，技术臻于完善。据《世界图书》刊载，五代至明代，中国共计出版书约32283部（内含407589卷）。仅宋代出书就达11000多部124000多卷。元、明、清三代从事刻书的不仅有各级官府，还有书院、书坊和私人，所刻书籍，遍及经、史、子、集四部。

　　中国雕版印刷术发明之后，逐渐传播到四面八方。早在1294年，伊儿汗国都城大不里士已仿照中国元朝印刷

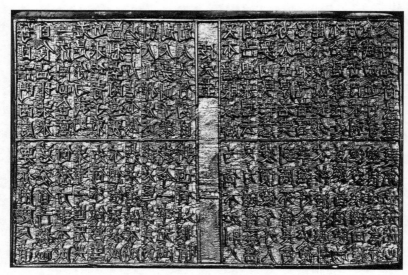

清代双面雕刻《传家宝》木雕版

发行钞票。1310年，政治家、史学家拉施特（Rashid al-Din Fadl Allah，1247—1318）主编的《史集》中阐述了中国的雕刻印书法。意大利人马可·波罗（Marco Polo，约1254—1324）到中国游历，也促进了东西方文化方面的交流。欧洲在14世纪末开始使用木版、铜版刻印圣像、纸牌。欧洲现存最早的印刷品是1423年采用雕版印刷的《圣克里斯托夫与基督渡水图》。15世纪中叶，欧洲采用雕版印刷出版了阿琉斯·多纳图斯（Aelius Donatus，？—约355）所著的语法教科书，影响深远。

第一节　雕版印刷的工艺流程

雕版印刷的工艺流程主要包括以下四个环节，每个环节又包含若干工序。

一、备料

1.选材：一般是选用纹理较细密的木材，如枣木、梨木、梓木、黄杨木等。

2.制版：将木材制成尺寸适合的平整胚版，并进行防干裂、防变形处理。

3.备纸：准备相应尺幅和数量的纸张。

印版和刷印工具

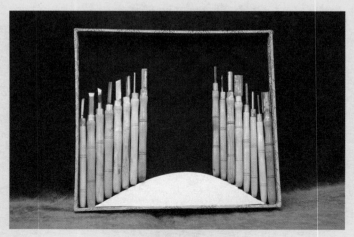

雕版工具

4.备墨：准备好印刷所需要的印墨。

5.备工具：准备雕版刻刀、墨刷、棕擦、印台等工具。

二、刻版

1.写样：一般由书法好的人将文稿依照格式书写在纸上。

2.校正：对写好的书稿进行校对，校出的错字，用修补的方法改正。

3.上样：也称上版，是将写、画好的纸稿刷糨糊反贴在胚版上，文字墨迹逐渐渗透进板材中。干燥后，轻轻去掉纸稿，反向字迹会清晰地呈现在胚版上。

4.刻版：刻工运用不同的刀法，选择不同的刻刀沿墨迹雕刻成反向凸起的文字或图像。

首都大藏经保护基地的工作人员在雕刻印版

三、刷印

1.刷墨：将印版固定在台面上，用刷子沾上印墨均匀地涂布在印版表面。

2.印刷：在刷好墨的印版表面覆盖上一张纸，用压印擦（刷）子轻擦纸背面，印擦均匀后，揭下纸张，便完成一次印刷。

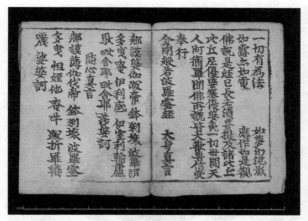

经折装《金刚经》，敦煌出土，五代时期印刷

四、装帧

印刷好的纸张称为印页或印张。它们通常要根据使用需求进行装帧。不同的装帧方式工艺不同。雕版印刷品的装帧形式主要有经折装、卷轴装、蝴蝶装、包背装、线装等。

第二节　唐与五代十国印刷

中国早期的印刷品实物，流传至今者十分稀少。但是

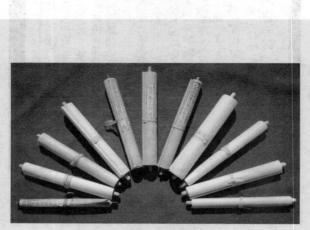

卷轴装佛经

蝴蝶装书

20世纪初，敦煌藏经洞出土了一批雕版印刷品。这批印刷品的刻印年代集中在9世纪至10世纪，即中国历史上的晚唐、五代和宋初。这些敦煌雕版印刷品既包括版画和佛经等宗教印品，也包括与人们日常生活密切相关的历书、韵书、世俗文书等印刷品。

一、唐代印刷业

唐末冯贽在《云仙散录》中记载了贞观十九年（645）之后，玄奘"以回锋纸印普贤像，施于四众，每岁五驮无余"。这是中国最早关于佛教印刷的记载，印刷品是一张佛像，每年印量都很大，但遗憾的是未留传下来。

1974年西安郊区出土了梵文《陀罗尼经咒》，考古专家认定其为7世纪的印品，可能为现存最早的印刷品实物。其他早期印刷时间比较明确的善本还有：1966年韩国

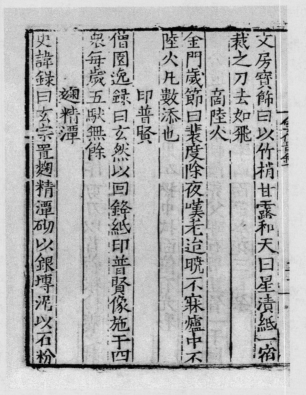

唐末冯贽《云仙散录》引《僧园逸录》记载，玄奘取经返唐后"以回锋纸印普贤像，施于四众，每岁五驮无余"

庆州佛国寺释迦塔内发现的一卷汉文《无垢净光大陀罗尼经》，经各国专家反复考证，其刻印时间为704年至751年，刻印地点可能在唐朝的东都洛阳。日本现存有764年至770年刻印的《百万塔陀罗尼经》，它们是当年的日本称德女皇敕愿刻印，据记载分别存储在100万座小型木制宝塔中。甘肃敦煌莫高窟藏经洞出土了数十种唐至五代时期的雕版印刷品，其中包括佛经、佛像、历书、杂刻。遗憾的是，尽管中国是它们的故乡，而今天，它们中的大多数却分别保存在英国、法国、德国、日本等国的博物馆。唐代的雕版印刷品流传至今的还有1944年在四川成都唐墓出土的成都府成都县龙池坊卞家雕印的《陀罗尼经咒》，据考证其刻印年代为850年至900年。以上文献记载和实物的流传证明，雕版印刷术是中国古代的伟大发明，"肇自隋时，行于唐世"的说法是可信的。

　　唐代后期雕版印刷的作坊已逐渐遍及今陕西、河南、四川、江苏、浙江、江西一带，区域相当广大，而长安、洛阳和成都则是当时印刷业的中心。在长安城的东市里已出现了民间书坊，如大刁家印的历书、李家印的医书都很有名。敦煌出土的李家印的《新集备急灸经》就是现存医书中最早的印本。

　　成都更是唐代的印刷业重镇。成都的印刷品种类很多，印坊也很多。如印历书的樊赏家，在882年印的历书还有残页流传到今天，上面印有"剑南西川成都府樊赏家历"的字样。这部历书和乾符四年（877）的丁酉历书，都是现存世界上最早的雕版印本历书。还有"西川过家"刻印的佛经，今天中国国家图书馆还藏有唐代末年一位无名老人根据"西川过家真印本"重写的《金刚经》残卷；法国国家图书馆也藏有943年"西川过家真印本"《金刚经》。经考证，过家是成都历史悠久的老书铺，从唐末至五代都在刻印佛经。西川也出版有配合诗歌创作的工具书——韵书和字书。入唐八家之一的日本真言宗僧人宗睿自唐咸通三年（862）至咸通六年（865）在华留学。宗睿返回日本时携去经卷共一百三十四部，并编有《新书写请来法门等目录》。书中记录了带回外典杂书中有"西川印子《唐韵》一部五卷，同印子《玉篇》一部三十卷"。当时，成都刻本的内容也很广泛。根据一个叫柳玭的官吏所著的《柳氏家训》的序可知，唐僖宗中和三年（883），他在成都的书铺里看到许多印本书，有阴阳、杂记、占梦、看家宅之类的书，以及字典和小学生读物等，不过印刷质量不高，印得墨迹模糊，读起来"不可尽晓"。

　　文物背后的故事：流落异乡的国家宝藏《金刚经》

　　唐朝雕版印刷的原本，多已失散。而保存在英国大英图书馆的一卷《金刚经》十分著名，它是现存世界上最早的标有确切日期的雕版印刷品。这卷《金刚经》长约488厘米。卷首为佛像画，画着释迦牟尼对弟子们说法的神话故事，四周环绕的天神也在静听，大家神色肃穆，其画面精美，线条流畅。后为经文，字体整齐，浑朴厚重，着墨均匀，刀法纯熟。这卷《金刚经》是一个叫王玠的人在咸通九年（868）为他父母祈福消灾而刻印的佛教经书。

这样珍贵的文物为什么流落到了异国他乡呢？这要回到1900年，即清光绪二十六年。云游寄居在敦煌莫高窟的道士王圆箓，在清理一个洞窟的积沙时，意外发现一个隐藏的附室。开启的时候，这个小洞窟内密密匝匝地堆满了成捆的经卷、文书等文物，从地面一直垒到屋顶，见者惊为奇观，闻者传为神物。这就是后来举世闻名的敦煌藏经洞，现在编号为莫高窟第17号洞窟。这座文物艺术宝库的发现，很快引起了帝国主义者的注意。1907年，英籍匈牙利人马尔克·奥莱尔·斯坦因风闻此事后，马上带着中国翻译蒋孝琬，跑到藏经洞来。他千方百计诱骗王道士，拣选了24箱古写本、5箱古画和丝绣品，计1万余件，全部运抵英国伦敦的大英博物馆。而这些稀世奇珍他只付给王道人200两银子，交了130镑税金。1914年，斯坦因又从这里骗走5大箱佛经，计有600多卷。斯坦因是一个贪婪的"汉学家"，他对中国西域文物进行了三次扫荡，历时16年，盗骗走了足以装满一个博物馆的珍贵文物。这是中国20世纪第一次文物浩劫。

文物背后的故事：引发"中韩之争"的佛经

1966年，3米多长的《无垢净光大陀罗尼经》在

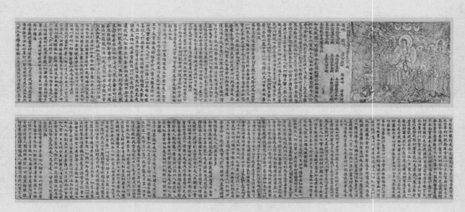

发现于敦煌藏经洞的 868 年雕版印刷品《金刚经》

韩国庆州佛国寺的佛塔中出土，据考证，此经刻印于
8世纪。韩国学者以此经为由，试图证明雕版印刷术
起源于韩国，从而引发了印刷史上的"中韩之争"。
自该经卷发现以来，中国学界提出四点理由对此进行
反驳。第一，据历史文献记载，韩国该佛塔是中国僧
人指导建造的。第二，经文中有四个武则天时期造的
字，共出现了八次，说明了经书的刻印年代。第三，

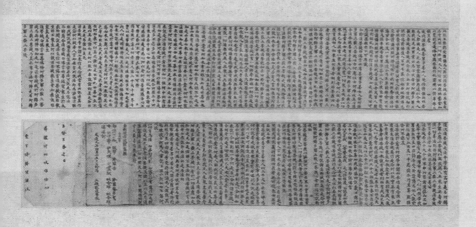

《无垢净光大陀罗尼经》在武则天时期非常流行，特别是在洛阳，能够佐证此经应该是刻印于洛阳。第四，韩国历史上在这段时期内只有这一件文物出土，按照考古学"孤不为证"的道理，不能说明印刷术起源于韩国。而中国则出土了大量关于唐代的印刷品，经过中国学界的不懈努力及大量文物的佐证，雕版印刷术起源于中国这一史实不容撼动。现在经过披露，

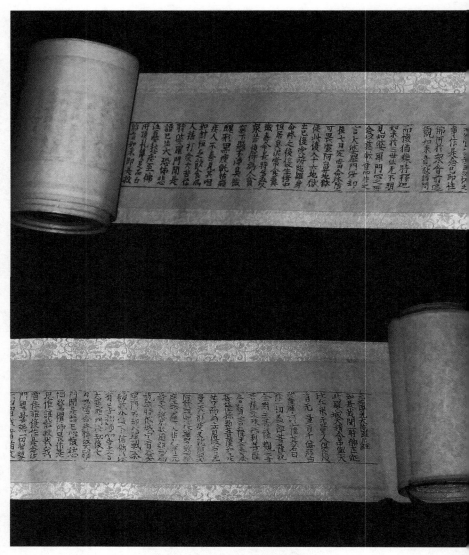

韩国庆州佛国寺出土的唐代《无垢净光大陀罗尼经》

出土该经的佛国寺佛塔经过后代翻修，并有后代补充的供品藏入该塔，故该经卷的刻印年代并不能确定。其实，经卷本身由汉字印成，经文本来就源自"中土大唐"。所以，无须理由和论证，"你争或者不争"，大唐的历史地位就在那里。

二、五代印刷业

五代十国是相对短暂而又动荡的时期，但是雕版印刷业完成了从民间到官方，从印制杂书经像到印制儒家经典的华丽转身，雕版印刷术从此成为具有统治地位的出版技术。

932年，后唐宰相冯道首先倡导刻印儒家经典。当时各地刻印的书虽然种类很多，但多是老百姓日常工具书，如阴阳杂记、字书小学、历书、佛经等，还没有涉及儒家经典。于是他上书皇帝，奏请依石经文字刻印"九经"印版。得到皇帝批准后，由儒学大家田敏等人，召集国子监的博士儒徒，依照当时最好的官方范本《唐石经》经文，经多位专家学者的仔细阅读精校，然后请书法高手以端楷写出，再组织工匠雕刻印刷。这样，从932年至953年，历经21年时间才全部完工。这是官府大规模刻书的开始。因为是国子监印本，后世称为"五代监本'九经'"。

　　冯道因对雕版印刷的认同和提倡而留名青史。历史上，很多学者尊冯道为雕版印刷术的发明人。自"五代监本'九经'"后，由于政府对印刷业的提倡，士大夫私人刻书也多了起来。后蜀的宰相毋昭裔顺势而为，成为了中国历史上私人大量刻印书籍的先驱。史书记载，毋昭裔年少时，曾向别人借阅诗文总集《文选》和类书《初学记》的抄本，人家不肯借给他，他十分气愤，暗自立志发誓，若他日得志，愿刻版印书，以便利天下的读书人。他发奋进取，后来官至宰相，终于如愿获得那两部求而不得的书，并将之刻印送人，兑现了自己的誓言。他还自己出钱兴办学校，大量刻印各种读物。

五代十国时吴越国的京城杭州，印刷业也相当发达。特别是国王钱俶（原名钱弘俶）笃信佛教，他与和尚延寿成为佛经出版大家。他们刻印了大量的佛经、佛像、塔图、咒语，印数之大是空前的，其中可考的就计68万多卷。印刷出版的繁盛还带动了纸、墨等相关行业的发展，吴越国的印刷技术达到了较高水平，印本纸张绵白，墨色匀黑，字体清晰悦目，版画也很精美。

文物背后的故事：雷峰塔下并没有白娘子

西湖雷峰塔下镇着白娘子，这是中国家喻户晓的民间传说。这一民间传说和鲁迅先生的《论雷峰塔的倒掉》令雷峰塔妇孺皆知。实际上，雷峰塔的倒掉与一种古书密切相关。

　　民间传说，吴越王钱俶建塔之时，用了不少"藏金砖"，砖里藏有金子。于是，"淘金者"络绎不绝，长期盗挖塔砖。久而久之，1924年9月25日下午1时40分左右，雷峰塔这座杭州西湖边的名塔，不堪重负，轰然倒塌。雷峰塔倒塌后，藏金塔砖的秘密便真相大白。原来，有一部分塔砖为空心砖，里面的确有宝藏，但并非真金，而是真经。

　　五代时期地处南方的吴越国的第一位统治者钱镠，被梁太祖朱温封为吴越国王，后又加封天下兵马都元帅。吴越传三代五主共70多年。钱氏诸王信奉佛教，忠懿王钱俶崇信甚笃，曾大量修建寺庙，兴造佛塔，雕印佛经。雷峰塔的空心砖内就藏有黄绫包裹的佛经《一切如来心秘密全身舍利宝箧印陀罗尼经》。经卷有题记

"天下兵马大元帅吴越国王钱俶造此经八万四千卷，舍入西关砖塔，永充供养。乙亥八月日纪"。乙亥是宋太祖开宝八年（975），论时代已入宋朝，但其时吴越国尚未归宋，仍可列为五代时期的印刷品。

20世纪以来，吴越国雕印的佛经实物多有发现。

1917年，浙江湖州天宁寺改建过程中于石幢象鼻内发现了藏存的数卷《宝箧印陀罗尼经》。卷首扉画前有"天下都元帅吴越国王钱弘俶印宝箧印经八万四千卷，在宝塔内供养。显德三年丙辰岁记"字样，显德三年为956年。吴越国的印经活动可谓大规模，仅比953年完成雕印的儒家经典"九经"略晚3年。

1971年，浙江绍兴城关镇物资公司工地出土了金涂塔一座，下部四方，现藏于浙江省博物馆。金涂塔通体浑铸，由须弥座与刹组成。座内有一红色小木

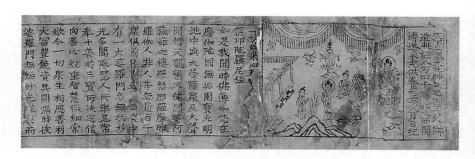

雷峰塔塔砖中所藏《一切如来心秘密全身舍利宝箧印陀罗尼经》

塔所尒時瑞上大人光明
赫然藏盛扵主泉中出善
哉摩讃言善哉武㮹迦
牟尼如來今尒所行極善
境界又言汝婆羅門汝扵
今日雒大善利尒時世尊
礼彼杇塔右遶三匝脱身

尒時用羅其㸌愈普鞞
沸血交流流泣曰微笶當尒
之時十方諸佛皆同觀視
惟是時大眾會皆同
怜即㳄伽佛而住尒時金剛
千尒座方皆流流波現是此
感㺹杵族轉尒其佛正
言善座方何因緣現是此
相何扵如來眼前現善如前
此疑如來扵此大泉解釋
我疑時薄伽梵如來應
唯然如來扵此大泉解釋
大金身利聚如來
一切全身利聚如來
羅尼即法要全在其中故
尒即扵此法要全在其中
闊手有尒法唯全在其中
如來塔即尒如胡麻俱肥
千俱胝如來全身利聚
乃至八万四千法藏
其中即八十九百千俱肥

如來頂相在其中是塔一
切如來之所授記若是塔
所在之處有大功勳其大
威徳能滿一切吉慶尒時
即聞佛是說遠塵離
及诸煩惱得法眼淨
即有须陁洹果得斯陁
瞞含黑者得阿那含果
得阿羅漢果或有得辟
支佛道者或有入菩薩位
得阿毘跋致或有得
者或有得阿毘跋致或有得
有滿旦六波羅蜜坊得五神通
初地一地乃至十地
羅門遶塔而其笶
尒時金剛手菩薩見此尊
甚高特布之事白佛言世尊
彼希有之事但闊此事尚
獲如是殊勝功徳何况
此法雅種桂善
彼佛言諦聽金剛手有
尒時羅漢捷善
尒時羅漢捷善
善男子善女人比丘比丘
尼優婆塞優婆夷若善
若善根即為彼如來種
千俱胝如來如米種
若善根即為彼如來種
所說經典如九十九
九百千俱胝如來所
經典者即為菩薩
尒時羅漢捷善
念橧受若人讀誦即為誦
橧受若人讀誦即為誦

筒，长约10厘米，短而粗，一端有一木套，内藏《宝箧印陀罗尼经》一卷，题有"吴越国王钱弘俶敬造宝箧印经八万四千卷，永充供养。时乙丑岁记"。乙丑为宋太祖乾德三年（965）。这份经卷文字清晰，纸质洁白，扉画亦为黄妃礼佛图，构图略有不同，非常珍贵。

所以事实是，雷峰塔下并没有白娘子，也没有真金，只有印经。

第三节　宋辽金西夏印刷

雕版印刷术经过唐、五代的发展，技术已十分成熟。进入宋代以后，由于政府的重视和提倡，印刷业大兴，揭开了印刷史上最辉煌的一页。除宋之外，在北方地区，先后有契丹族建立的辽国，西北党项族建立的西夏国，女真族建立的金国。这些地区的印刷水平，与中原及南方地区的水平相似，在某些方面还有所突破。

一、宋代印刷业

宋代是雕版印刷术的高峰。

北宋初年，朝廷就十分重视印版的收集和重要典籍的印刷，并有计划、有分工地刻印了经、史、子、集等书。宋代中央主管印刷的机构是国子监。国子监既是最高学府、国家的教育管理机构，又是中央朝廷刻书的主要单位。其所刻书，世称"监本"。北宋时期国子监刻书，成为雕版印刷史上的高峰。其造纸、制墨、版式设计、印刷字体、书籍装帧等各项工艺的卓越成就，成为后世印刷业的楷模，为后代所推崇仿效，影响深远，在古代印刷史上占有重要的地位。

宋代也是中国雕版印刷事业普遍发展的时代，全国各地都有刻书、印书活动。由于各地的地理、自然、人文条件不同，形成了宋代刻书事业的几个中心地区，所刻书也各具特色，其繁荣程度也有区别。北宋初期，四川刻书最为兴盛，这是自唐、五代沿袭下来的。到北宋后期，浙江地区刻书最为精美。南宋时代，福建刻书数量之多居全国首位。因而形成宋代著名的三大刻书中心。

宋代民间印刷的书，分为家刻本、家塾刻本和坊刻本。家刻本又称"私刻本"，是个人雇请工匠或出资由刻书作坊刻印的书，这类书大多为自己的著作或自己祖先的著作。其刻印的目的主要是传播、扬名或纪念其祖先，因此，这类书往往以赠送为主，有时也通过销售而收回成本。

宋代的佛经印刷也很发达。其中影响最大的是971

年至983年完成的《开宝藏》。历经12年，完成雕版13万块，以《开元释教录》入藏经目为底本，共480帙，5048卷；卷轴式，每版23行，每行14字，版首刻经题、版数、帙号等；卷末有雕造年月干支题记。这项宏大的工程，在古代印刷史、出版史上具有十分重要的意义，是中国刻印佛教经典全藏之始。它对日本、朝鲜、越南等国雕版印刷术的发展有直接影响。

宋版书雕版精良，纸质上乘，墨色醇厚。在书籍的装帧工艺方面，广泛使用蝴蝶装，从而开创了书籍册页矩形开本的装帧形式。历代藏书家都以拥有宋版书为荣，素有"一页宋版，一两黄金"的说法流传。美国学者卡特说："以雕版精善而言，中国历朝印刷，殆无能超过宋代。"总结起来，宋版书的珍贵主要有三点：一是稀缺。宋版书距今约有1000年，日渐稀少，成为藏书家们"众里寻他千百度"的珍品。二是有韵味。善本的概念就是从宋代开启的。宋版书在中国文人心中是最美的书。宋人在审美上追求"韵"，无论是从汉字书法艺术的角度还是在版式、装帧上都有着独特的韵味。清代藏书家顾千里甚至认为，宋版书无字的地方都是美的。三是匠心。在中国书籍史上，无论在校勘、刻版、纸张还是在装帧上，宋代的能工巧匠都展现出独树一帜的创造和心思。

为保护朝廷印刷物的权威性，北宋时期就出现了版权保护法规。这些版权保护管理的制度，开创了中国版权保护之先河。南宋时期，私刻书籍方会请官府出面，行使版权保护，保护出版者的经济利益和作者的著作权益。处罚的方式有"追人毁板""追板劈毁"等，十分严厉。

文物背后的故事：请认准白兔儿商标

中国很早就出现了与商品交换相联系的商品标

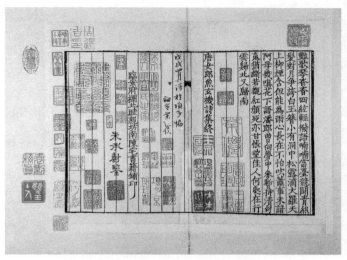

南宋临安府陈宅书籍铺刻本《唐女郎鱼玄机诗集》

记。北宋时期，随着私营工商业的发展，竞争日趋激烈，不少店铺为了推销自家产品，除了装潢店面，还印制了带有店铺标记的广告。中国国家博物馆就保存着一块北宋时期的广告铜印版。铜版长13.2厘米，宽12.4厘米。印版上方标明店铺字号"济南刘家功夫针铺"，正中为店铺标记"白兔捣药图"，并注明"认门前白兔儿为记"。下方广告文案称："收买上等钢条，造功夫细针。不误宅院使用，转卖兴贩，别有加饶，请记白。"当时商品经营以自产自销为主，这种店铺标记已成为此种经营方式下商品的特定标识。这件"济南刘家功夫针铺"铜版是已知世界上最早出现的商标广告实物。

济南的这家针铺的白兔商标设计十分有文化内涵，蕴藏着一段美丽而吉祥的传说。为什么是白兔手握纫针在捣药呢？其实这只白兔是嫦娥的化身，这个商标图案就是取材于"嫦娥奔月"这一传奇故事。自《淮南子·览冥训》撰文"羿请不死之药于西王母，嫦娥窃以奔月"而由此演绎成的"嫦娥奔月"的神话，在民间流传2000多年之久。

嫦娥亦名姮娥，是上古神话中的仙人，天帝帝俊的属臣神箭手羿的妻子，羿夫妇被帝俊下派凡间帮

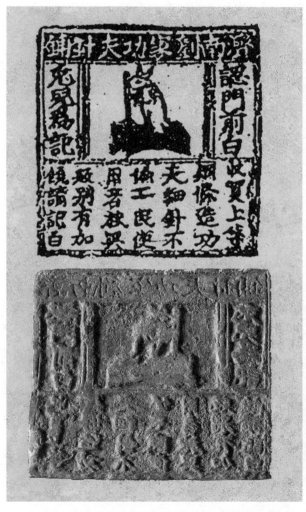

"济南刘家功夫针铺"的广告铜印版，中国国家博物馆藏

助尧。相传东海谷里住着10个太阳，他们都是天帝的儿子，天帝命其每天轮流出现一个，在天空为人类照亮世界。有一天，10个太阳结伴一起跑上天空，再也不肯回去。由于10日并出，大地草木焦枯、河水涸干，人们痛苦不堪。羿受命劝说太阳回去，但谁也不理睬羿，依然停留在天空。羿在忍无可忍之下，一个一个地射落了其中9个太阳。大地恢复了生机，禾苗生长、草木复苏，河水也爽快地流淌起来，人们得以安居乐业，他们十分感谢羿的恩德，羿也受到人们的尊敬。嫦娥在羿射日时，割爱剪下自己秀丽坚韧的长发，制成弦绷在羿弓上，使羿射日成功，为此她也受到人们的爱戴，但也受到牵连，和羿一并被罚为凡人。羿为了谋求长生不老，于是向西王母讨得两份长生不老药。美丽的嫦娥是个好奇的女子，在羿熟睡的夜间，悄悄地尝试着吃了一份长生之药，感觉不到什么反应，于是将另一份也吃掉了。她只觉身体突然轻飘飘地奔向月宫。到了月宫之后，嫦娥被罚变成一只丑蟾蜍，并不停地捣着长生不老药。人们对嫦娥有浓厚情感，十分怀念她助羿抗旱的献身精神，同时也不忍见到嫦娥在月宫的那副丑相。到了晋代，傅玄在他的《拟天问》中，将白兔送入月宫，去代替蟾蜍捣药，改变了嫦娥在月宫中的形象。这就有了"白兔捣药"这一美丽的形象与传说。到了唐代，在一些文人墨客的笔下，嫦娥得以恢复人身形象。之后，段成式在他的《酉阳杂俎·天咫》里又让一位修仙者吴刚进入月宫伐桂，这就更增添了嫦娥奔月的传奇色彩。

刘家针铺细针借"嫦娥"化身的白兔做商标，意蕴深刻，情趣盎然，自然会博得广大群众的喜爱，有利于带动营销。这幅"告白"无论在产品商标的选择上，还是在广告用语上，都具有一定水平，至今仍不失为一个产品宣传的好典范。

二、辽国印刷业

由于辽的统治者倡导儒学和佛教，大兴教育，因而社会对书籍的需求量就越来越大。

初期，辽国通过边界贸易从宋朝购进大量的书。宋辽间的书籍贸易，使得大量的宋版书流向辽国。因而，宋真宗于景德三年（1006）曾下诏："民以书籍赴沿边榷场博易者，非《九经》书疏悉禁之。"但实际上还是禁而不止，很多经史以外的书也流入辽国。苏辙在出使辽国后，曾说："本朝民间开版印行文字，臣等窃料北界无所不有。"辽国的使臣到宋朝后，也往往提出需要书籍的要求，大都能得到满足。例如，有一次辽国使臣提出希望得到《魏野诗集》，宋朝皇帝就满足了这个要求。

在宋朝的影响下，辽国所属燕京等地的刻书业快速发展，最终形成辽国印刷出版业普遍繁荣的局面。

从历史记载中可知，辽国印的书不但品种多，而且数量大。可惜流传至今者十分稀少。长期以来，许多学者甚至怀疑这些历史记载的真实性。直至山西应县（辽之应州）木塔的发现，才揭开了辽国的印刷之谜。山西应县木塔建于辽清宁二年（1056），是一座木结构佛塔，称佛宫寺释迦塔。1974年7月，人们在修缮佛塔时，在该塔四层主像（释迦牟尼像）腹内，发现了一批品种丰富的辽国印刷品，是十分珍贵的辽国文物。这些印刷品，反映出当时的辽国已有十分精良的刻印技艺。

辽国一度大兴刻印佛经之风。上自皇室下至平民大多笃信佛教，集资雕印佛经是非常普遍的现象。因为在佛教信徒眼中，书写、刻印、讲诵、传布佛经都是无上功德，可以给自己和家人带来福祉。应县木塔所藏《法华经玄赞会古通今新抄》第二卷卷尾题记云："四十七纸，三司左都押衙南肃二十二纸，孙守节等四十七人同雕。"《法华经玄赞会古通今新抄》第六卷卷尾题记云："五十六纸，云州节度副使张肃一纸，李寿三纸，许延玉五纸，应州副使李胤两纸，赵俊等四十五人同雕。"题记中所称"云州"，标明的正是雕刻地点，现山西省大同市。题记中纸张数和出资人、雕工人数记录翔实，可见当时雕刻业的普遍。

辽圣宗时不但刻印汉文佛教典籍，还刻印汉文《五经传疏》，《史记》《汉书》等儒家经典和史书，并发给学校作为课本。辽人还把他们喜欢的大文人苏东坡、白居

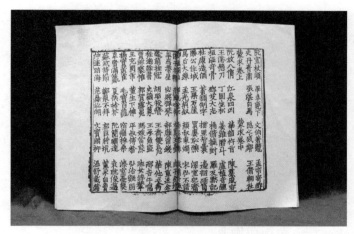

山西应县木塔中出土的辽代刻本《蒙求》是少儿读物，以历史典故为主要内容，采用对偶押韵的句子，每句四字，包含一个历史人物或传说人物的故事。书籍为蝴蝶装

易的诗文刻印出版。辽圣宗就曾把《贞观政要》、《通历》、医学书籍等译成契丹文刻印，他还专门把白居易的《讽谏集》译成契丹文，雕刻成大字本印出来，让那些不懂汉文的大臣诵读。

辽圣宗开泰元年（1012），圣宗一次就赐给护国仁王《易》《诗》《书》《春秋》《礼记》各一部。辽道宗清宁元年（1055），诏颁《五经传疏》。道宗咸雍十年（1074）颁定《史记》《汉书》。上述这些书，都是辽国刻印的。辽国文化因印刷业得以快速发展，同时，印刷业的繁荣，也进一步促进了辽国社会文化的进步。

三、金国印刷业

金国的印刷事业是在原辽国、北宋占领区印刷业的基础上发展起来的。特别是金兵攻占北宋京城开封府后，将北宋国子监、秘阁、三馆、秘书省的书连同开封府书铺之书，国子监印版，鸿胪寺经版，全部运至燕京，存放于金国子监。金国政府不仅大力收藏宋代现有藏书，而且对《崇文总目》内所缺少的书，也下令予以求购、补充，并广泛收购民间藏书。如果藏书家珍惜自己的书，不愿意售卖，政府还有规定，借抄之后，原书可归还本人。这样，金国政府一方面收书、购书，另一方面不断翻译、刻印新的书，使得其藏书迅速增加，社会上的图书存量也日渐丰富。

天德三年（1151），金国政府扩建辽代的燕京城为

中都，贞元元年（1153）迁都燕京，建立中都国子监。在
《金史·选举志》中，列出了金国子监印书的目录，这些
书多用北宋印版印刷，其中有《易》《书》《诗》《春秋
左氏传》《礼记》《周礼》《论语》《孟子》《孝经》
《三国志》《晋书》《宋书》《齐书》《梁书》《陈书》
《周书》《隋书》《唐书》《五代史》等。这些书基本上
包括了经、史、子诸书。金国子监除了用北宋国子监的印
版印书，自己也有少量的刻版。只是这些金国子监刻印
本，竟无片纸流传至今，令人叹惜。

　　金国政府机构中还设置有弘文院，专门负责翻译、
校勘儒家经典。金世祖曾一再对群臣讲述，他令人翻译
"五经"是为了让女真人懂得仁义道德之所在，为了巩固
政权、培养服务于政府的有用人才。金国统治者依照辽国
的经验，兴办学校，提倡发展教育事业。据金史记载，金

国的皇帝大多读经习史，很注意提高自身的文化素养和统治国家的能力。金熙宗曾感叹自己读书甚少："朕幼年游侠，不知志学，岁月逾迈，深以为悔。"他认识到"孔子虽无位，其道可遵，使万世景仰"，因此亲祭孔庙，日夜攻读《尚书》《论语》《五代史》等书。

金国政府由秘书监掌管经籍图书，除国子监、弘文院印书外，著作局、书画局、司天台等均有印书活动。金国政府既有司天台，又有掌修日历的机构。金初无历法，女真人也不知生年，"唯见草复青，谓之一岁"。天会五年（1127），金司天杨级造《大明历》，天会十五年（1137）正式颁行，这是女真社会发展中的一大进步。金《大明历》与南朝祖冲之的《大明历》同名异历。金世宗命司天监赵知微重修《大明历》，重修的《大明历》从大定二十年（1180）颁行不断刻印，直至蒙古初年仍然在使用。

　　金国道教盛行，对于道教典籍的刻印也十分积极。道教的发展当然也得力于统治者的支持。金世宗就曾出资刻印道经，并于大定二十年（1180）下诏将南京开封府《道藏》经版调至中都的十方大天长观。道长孙明道、赵道真等人组织，将开封府运来的《道藏》经版，进行修理补刻，两年完工，共得遗经1074卷，补《万寿道藏》版21800版，总共分为602帙6455卷，定名为《大金玄都宝藏》（以下简称《金藏》）。

文物背后的故事：传奇《金藏》

　　《金藏》也称《赵城金藏》，是中国国家图书馆的四大镇馆之宝之一。它是以北宋《开宝藏》为底本而翻刻的。《开宝藏》现存世极为稀少。2018年7月，西泠印社春季拍卖会上，仅《开宝藏》的两帧残页就拍出了240万元（不含佣金）的高价。《金藏》

历经近30年，于金大定十三年（1173）全部刻成，经版共168113件，计6980卷，此经为卷轴装，卷芯用细木棍，十分朴素。

关于《金藏》有两个动人的故事。

故事一：金代潞州长子县（今属山西）崔进之女，名法珍，自幼崇尚佛教。她13岁时，发誓雕印藏经，断臂化缘。由于崔法珍的真诚苦行，感动了众多的男女信徒，得到广大信徒的积极布施，不但富有者捐施，即便贫穷者也尽力所及。有捐驴子的，有捐布匹的，有施梨树的，有施经版的，也有施雕刻刀子的。在《金藏》很多经卷后面，都刻印有该卷布施者的姓名。从中可知捐施者多为今山西南部一带的信徒，北面远到太原府，西边远到京北府蒲城（今属陕西）一带。金大定十八年（1178），崔法珍将印成的一部《大藏经》进奉朝廷，受到金世宗完颜雍的高度重视。当时中都的十大寺僧持香花迎经于大圣安寺，为法珍建坛，并赐紫衣，号弘教大师，还对雕印经版有功人员杨惠温等72人进行了奖励。大定二十一年（1181）崔法珍将全部经版运到燕京城（今北京市），存放于燕京大昊天寺，并设印经坊，大量印刷。

故事二：山西省临汾市洪洞县有处名胜古迹叫广胜寺。这是一处古老的寺庙，原名俱庐舍寺，始建于东汉桓帝建和元年（147）。唐大历四年（769），汾阳王郭子仪奏请朝廷对该寺进行整修扩建，取"广大于天，名胜于时"之意，更名广胜寺。20世纪30年代，广胜寺弥陀殿的12个藏经柜中发现了一部藏经，经过多方面研究考证，最终认定这部藏经为金代刻印，又因广胜寺当时属地为赵城县，故定名为《赵城金藏》。1938年2月，日本侵略军占领山西省赵城县。广胜寺距最近的日军据点仅1公里，为防日军掠夺，广胜寺力空法师将《金藏》砖砌封存于广胜寺飞虹塔内。1942年4月，日本政府派遣"东方文化考察团"到赵城活动，并扬言要在5月2日上飞虹塔游览。为了《金藏》的安全，广胜寺力空法师立即向八路军求助。当时在八路军、县游击大队和僧众配合下，《金藏》于4月27日夜被紧急运出。在接下来的5月反"扫荡"中，地委机关的同志背着经卷，在崇山峻岭中与敌人周旋。由于战斗频繁，行军携带不便，深恐散失，这些经卷被藏在山洞、废煤窑内，派人看管。1949年《金藏》被运至北平，移交当时的北平图书馆（今中国国家图书馆）收藏。

《金藏》卷首图。图题为：赵城县广胜寺

广胜寺弥陀殿内存放传世孤本《赵城金藏》的红色藏经柜

广胜寺飞虹塔

《金藏》是中华人民共和国成立后第一个由国家拨款的大型古籍整修项目。1949年4月30日，当4300多卷9大包《金藏》运抵北平时，人们难过地发现，由于多年来保存条件恶劣，多数经卷潮烂断缺，粘连成块，十之五六已经不能打开。国家专门组织了四位富有经验的装裱老师傅帮助修复，历时近17年，终于在1965年修复完毕。《金藏》原本共有6980卷6000多万字，今存4000余卷，全世界只此一部，因而被视为稀世瑰宝。

四、西夏印刷业

1038年，党项贵族李元昊称帝建国，本名大夏，自称邦泥定国或大白高国，宋人称西夏。建国初，李元昊"始尝以己意造蕃书，令谟宁令野利仁荣演绎之，成十二卷",并立即在全国推广,教国人用以记事。文字的创制、推广是西夏印刷业兴起的基础。西夏立国前后,曾先后6次向北宋购买《大藏经》等经帙和签牌,并求宋国子监所印之书字等。西夏政府机构中还设有刻字司、纸工院,专门负责刻书印刷。现存最早的西夏印刷品是1073年刻印的汉文佛经《大般若波罗蜜多经》发愿文。

1908—1909年,俄国考古学家科兹洛夫接受俄国皇家地理学会的委托,先后两次在内蒙古阿拉善盟额济纳旗境内的西夏古城黑水城进行了发掘。他们在城西北角的一座墓塔中获得文书计约2.4万卷。科兹洛夫将这批文书连同他在城内获得的文书和文物,用40头骆驼运回俄国,其中实物存于今圣彼得堡冬宫博物馆(艾尔米塔什博物馆中的一个宫殿),文书存于今俄罗斯科学院东方学研究所。经过俄国几代学者半个世纪的整理,文书中仅登录的西夏文文献就有8090件（号），其中已考定的近3000件，有"世俗性的著作约60种，佛经约370种"，其中有西夏刻本22种，还有宋、金、元刻本。此外，还有6块西夏文雕版。这些空前的、内涵极其丰富的文物，为西夏研究开辟了新纪元，也为西夏印刷的研究提供了丰富的资料。

　　1990年7月，宁夏贺兰县西夏古塔宏佛塔中有了惊天大发现。共出土西夏文字雕版残块2000余块，有的仅存半个字，全都火烧炭化变黑。有单面版，多为双面版。按文字大小分为三类：大号字版仅7件，最大的一件高13厘米、宽23.5厘米、厚2.2厘米。中号字的最多，约占50%以上，最大的两件中号字版皆为经折装，一件残高10厘米、残宽38.5厘米、厚1.2厘米；另一件残高11厘米、残宽23.7厘米，残存14行，每行最多存12字。小号字者约占40%以上，版厚1.5厘米，多为双面版，破损严重。这些雕版残

宏佛塔出土的西夏文字木雕印版

件十分珍贵，是研究西夏和中世纪印刷的宝贵资料，同时说明宏佛塔寺曾是西夏雕版刻印场所。

文物背后的故事：最早的西夏文中文双语字典"掌中珠"

西北地区一直流传着一个凄美的故事。黑水城曾经是西夏重镇，最后一位将领号称黑将军。他英武盖世，所向无敌，但却在一次与汉族争霸中原时，出师不利，不得不退守孤城。中原大军久攻不克，看到城外额济纳河流经都城，便用沙袋堵塞上游，断绝城中水源。水源干枯后，守城者在城内掘井，挖到最深处仍旧滴水不见。黑将军被迫全力出战。战前，黑将军命令把80余车白金连同其他珍宝一起倾倒井中，又亲手杀死自己的妻小，以免他们落入敌人手中，之后率兵出战，终因寡不敌众战败身亡。中原军队攻陷黑水城后，到处寻找宝藏却始终没找到。

　　20世纪初，俄国考古学家科兹洛夫被黑将军宝藏的传说吸引而来。早在科兹洛夫之前，俄国旅行家波塔宁、地质学家奥布鲁切夫等都曾找寻过黑水城，均未能找到遗址所在。直到1908年，科兹洛夫和他的探险队在使用了一些手段后终于得以一睹黑水城的真容。从1908年4月1日到13日，科兹洛夫和探险队员在黑水城内的官衙、民居、寺庙、佛塔遗址到处挖掘，在城西南的一座佛塔中就挖出了3件西夏文书和30本西夏文小册子，佛塑、唐卡、钱币、金属碗、妇女饰物、日用器具、佛事用品以及波斯文残卷、伊斯兰教写经和西夏文抄本残卷等物品，足足装了10大箱子。此后，科兹洛夫又重返黑水城"考察"两次，带走丰富的文物。科兹洛夫从黑水城挖掘的文献有西夏文刊本和写本达8000余种，还有大量的汉文、藏文、回鹘文、蒙古文、波斯文等书和经卷。这是自敦煌浩劫之后，中国文献遭受的又一次劫难。

尽管黑水城出土了一个"西夏图书馆"，但由于西夏文早已是"死文字"，没有人能识读，文献研究工作无从下手。20世纪上半叶，中俄两国学者在科兹洛夫盗走的黑水城珍宝中，发现了一本不起眼的小册子，令人喜出望外。原来，这本小册子名叫《番汉合时掌中珠》，成书于西夏乾祐二十一年（1190），是由党项人骨勒茂才编撰的一部西夏文、汉文音义合璧辞书，相当于是一本西夏文、汉文对音字典，为当时西夏境内流传较广的一部西夏语、汉语沟通的常用辞书。中国社会科学院学部委员史金波指出，《番汉合时掌中珠》将常用词语以天、地、人分部，每部又分上、中、下三篇。每一词语皆有西夏文、相应的汉文、西夏文的汉字注音、汉文的西夏字注音四项，是当时西夏人和汉人互相学习对方语言的工具书。该书编者在该书序言中就阐明了这一目的："不学番言，则岂和番人之众？不会汉语，则岂入汉人之数？番有智者，汉人不敬；汉有贤士，番人不崇。若此者，由语言不通故也。"书中每一词语都并列四项，中间两项分别是西夏文和汉译文，右边以汉字为西夏文注音，左边以西夏文为汉字注音。这一珍贵文献的发现，无异于找到了一把打开西夏学研究大门的钥匙。从此，西夏文字的密码被解开，研究西夏文献和历史的新兴学科兴起，西夏国的神秘面纱被渐渐揭开。

　　但这本世界上最早的西夏文汉文双语词典却不在它的中国故土，而是流落异乡，令人扼腕。1989年，

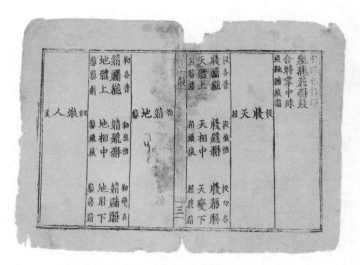

《番汉合时掌中珠》，俄罗斯科学院东方学研究所藏

在对莫高窟北区B184窟进行考古发掘时，又出土了极
为罕见的《番汉合时掌中珠》残页。这是目前国内仅
存的一张比较完整的《番汉合时掌中珠》，虽说仅仅
是残页，却弥足珍贵，为国内仅存孤本。

第四节　元代印刷

　　元朝的建立，使中国又出现了统一的局面，印刷业有了进一步发展。北方的主要印刷基地在平阳（治今山西临汾市）和大都（今北京），南方仍以杭州、建阳（今福建南平市建阳区）为中心。在今天江苏、江西及两湖地区，也分布着较多的印刷作坊。由于国家的统一，印刷术开始向偏远地区传播，在今西藏、新疆等地也发展起来一定规模的印刷业。

　　元代在印刷技术方面也有很大的发展，最主要的有以下几种。一、在书籍装订方面，继蝴蝶装之后，又出现了包背装。其装订方法为：折页时印刷的文字面向外，装订粘连的地方在折页的左边或右边空白处，按顺序配好印页之后，将折口撞齐，并用绵纸做捻穿入订孔，使书芯成为整体后再裁切，最后在书背上刷上糨糊，上好书皮即成。包背装既克服了蝴蝶装阅读不便的缺点，又保留了蝴蝶装书背粘连的优点，再加上用绵纸做捻穿入订孔装订，增加了书的牢固程度，因而这种装订方式成为元代最为流行的装订方式。二、双色套印源于宋代，但只见记载，未见实物，元至正元年（1341），中兴路（治今湖北荆州市荆州区）资福寺刻印的《金刚经注》为朱墨双色套印。三、出现了配有插图的书籍封面。

元代官方印书，在中央有兴文署、广成局、国子监、太医院等。政府编纂的《宋史》《金史》《农桑辑要》等书，都拿到浙江地区刻印。各地方政府也刻印了一些书。

元代学校的印刷十分活跃，最有名的是西湖书院。它除存有南宋国子监的印版外，还在各地收集了大量印版，所印书数量很大。西湖书院最著名的刻本是当时史学家马端临编撰的《文献通考》。这部书刻印字体优美，行款疏朗悦目，刻印精良，是元代刻本的代表。学校印刷的另一特点是几所学校联合，分工刻印大部头书籍。这样可以在较短时间内完成整部书的印刷。例如大德年间，由江东九路儒学分工刻印了"十七史"，大约两年多就完成了这一庞大工程。

文物背后的故事：马可·波罗笔下"点纸成金的炼金术"

13世纪70年代，一位西方年轻人跟随他的父亲远渡重洋来到中国，在这个神秘的国度里，他游历各地长达17年之久，成为中世纪西方人中睁眼看东方的第一人，他就是意大利威尼斯商人的儿子马可·波罗。

东方文明的万千气象令他流连忘返、兴奋不已，由他口述写成的《马可·波罗游记》记述了他在中国的传奇经历。他看到了西方人难以想象、从未见过的

元代纸币"中统元宝交钞"

用纸张印制的货币，因为纸张几无价值可言，但在市面上却可以换取一切商品。在"汗八里"，也就是元大都北京，他来到造币局观看了纸币的制作过程。马可·波罗看到，大汗用树皮所造的纸币在全国通行，当金银一样充军饷，"此币用树皮作之，树即蚕食其叶作丝之桑树。此树甚众，诸地皆满"。因此他将大汗的纸币视为"点纸成金的炼金术"。

其实早在宋代，由于商品经济发展的需要及造纸和印刷技术的快速发展，又加之铸钱的原材料严重不

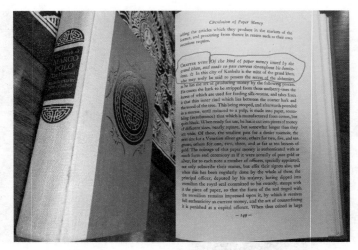

1948年美国纽约出版的《马可·波罗游记》，记述了"点纸成金的炼金术"

足、金属货币太重携带不方便等原因，交子就应运而生了。元朝是中国纸币最盛行的时期。1260年，元世祖忽必烈为了统一管理，印造了官方版本纸币——中统元宝交钞。为了避免通货膨胀、货币贬值，元朝严格控制纸币发行的总额度与物价，还从中央到地方都设了交钞提举司以专门管理货币的发行。元代的中统元宝交钞不仅在国内流通，在东南亚许多地方也能使用，印度、日本等地还争相模仿元代中国纸币的款式。

　　这个由一张不起眼的纸突然变成黄金的魔术，震惊了西方。波斯历史学家拉施特在1310年出版的《史集》第三卷中记录了1294年波斯在大不里士效仿中国印刷发行纸钞的历史。当年的伊朗钞票上甚至印有汉字"钞"。此后，印刷术逐渐西传，成为激发欧洲文艺复兴的杠杆。1660年，瑞典发行了欧洲的第一张纸币。

第五节　明代印刷

　　明代手工业和商品经济繁荣，是中国雕版印刷的鼎盛时期，其主要标志是：一、前代所开创的雕版、木活字版、金属活字版、整体金属版、多色套印技术等，在明代都有应用，而且技艺更为精湛。二、纸墨及雕版技艺等都达到前所未有的水平。三、印刷的规模、品种和数量达到历史最高水平。除经、史、子、集等传统书籍大量印刷外，地方志、科技书、技艺类书、通俗读物、启蒙读物、戏曲、小说等也大量印刷。四、印刷专用字体——宋体字更为成熟，并广泛应用。五、首创饾版彩色印刷，并应用推广了这一工艺。

明代政府的最大的印刷工厂为司礼监经厂，永乐十九年（1421）开始建立，到嘉靖年间，已有刻版、刷印、装订、制墨、制笔等工匠千余人。政府的很多出版物，都由此厂承印。钦天监也设有印刷作坊，主要承印每年度的历书样本。国子监也是政府的主要印书机构。

藩王府印书是明代的特有现象。由于这些藩王多无实际职务，又有较多资金，因而著作、刻印书籍成风。据不完全统计，各藩王刻印书超过500种。有些书如棋书、乐书、茶书等，填补了书籍品种的空白。地方志的印刷起源于宋代，到明代形成一种风气。各地区、州、县几乎都刻印了当地的方志。这些书的出版，留下了大量珍贵的历史资料。

明代末期，以吴发祥、胡正言为代表的艺术家与徽派工匠合作，首创了致力于彩色图像复制领域的木版彩色套印技术，即饾版印刷。它是采用分色勾描、分色刻版、逐色套印的工艺，印出近似于原作的彩色图画。之所以叫饾版，是因为这种分色印版类似于"饾饤"。"饾饤"也称"饤饾"，是中国古代一种美食摆设方式。唐代《食经》中介绍，人们别出心裁地将五色小饼堆砌在盒中，砌成寿桃、桃叶、猴子、山石的形状，作为祝寿的礼物。唐代韩愈有《喜侯喜至赠张籍张彻》诗："呼奴具盘餐，饤饾鱼菜赡。"明代吴发祥采用饾版方法，刻印了《萝轩变古笺谱》。胡正言采用饾版方法，刻印了《十竹斋画谱》，随

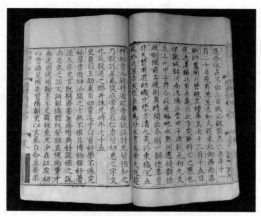

明万历二十二年（1594）南京国子监刊刻的《隋书》

后又刻印了《十竹斋笺谱》。在《十竹斋笺谱》中，胡正言首次使用了拱花技术，这是一种无色压凸印刷。饾版彩色印刷到了清代中期后被称为木版水印。

　　文物背后的故事：世界记忆文献遗产《本草纲目》

　　明万历八年（1580）秋，一艘远道而来的航船停靠在太仓州（今江苏省太仓市）的护城河，一位身材瘦削、胡须斑白的老人上了岸。他是李时珍，蕲州（治今湖北省蕲春县）人，年纪已六十出头。此次来太仓，他是想找文坛盟主王世贞作序。

李时珍耗费27年时间，撰写了52卷药学巨著《本草纲目》。他携书稿到出版中心南京，想找书商刻印，但此书卷帙浩繁，出书成本太大，且当时李时珍没有名气，书商担心书卖不出去，没有一个人愿意刻印。于是李时珍想到，如果能请到王世贞写序介绍此书，书商就有信心出版了。王世贞有下笔千言、文不加点之才，写篇序文只是信手拈来。但他是个认真的人，需要将李时珍的书稿看过后才动笔。但为《本草纲目》作序一事拖了10年才动笔。

万历十八年（1590）正月，李时珍又一次来到太仓，时年已七十三岁。王世贞留他在家里住了几天。王世贞此前已经细细看过书稿。这次李时珍来，王世贞在元宵节这天为《本草纲目》写了一篇热情洋溢的序言。序虽然仅有500多字，却是用情至深，对药典

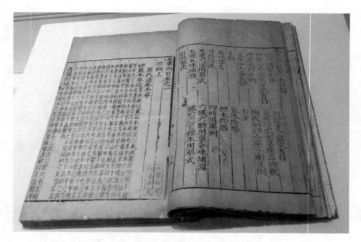

明万历二十一年（1593）金陵胡承龙刻本《本草纲目》，中医研究院藏，
2011年入选《世界记忆名录》

很是推许，介绍也很精到，而且写了李时珍其人。序
中先描绘了李时珍的形象，又介绍他幼时体弱多病，
成年后编撰此书的目的，以及30年里三易其稿的著作
艰辛。其中"如登龙君之宫，宝藏悉陈"这句话评价
尤高。这句话典出佛教经典《华严经》，经中说，龙
树菩萨于龙宫中见到《华严经》，将之携至人间，造
福人类。王世贞用这一典故，将《本草纲目》比作造
福世人、功德无量的药学宝藏。

由于王世贞的这篇序，南京书商胡承龙同意刻印《本草纲目》。6年后，万历二十四年（1596），《本草纲目》终于刻成并在南京问世。但是，王世贞已在万历十八年（1590）冬月卒于太仓家中；1593年，即《本草纲目》开刻的第三年，李时珍也病逝了。虽然王世贞、李时珍生前都没有看到《本草纲目》问世，但最终这部科学巨著成为中国科学史上乃至世界科学史上划时代的里程碑。英国生物学家达尔文称该书为"中国古代的百科全书"。18世纪至20世纪，《本草纲目》被全译或节译成英、法、德、俄、韩等20多种语言文字，再版100余次，在世界广泛流传，成为西方许多领域学者的研究对象。

从1997年起，联合国教科文组织发起的世界记忆工程设立《世界记忆名录》，每两年评选一次。2011

年5月23—26日，在英国曼彻斯特召开的联合国教科
文组织会议上，《黄帝内经》《本草纲目》经过专家
投票推荐，成功入选了《世界记忆名录》。本次入选
的《黄帝内经》就是目前存世版本中保存最完整的早
期版本胡氏古林书堂刻本。

第六节　清代印刷

　　清代是雕版印刷术最后的辉煌期。首先是雕版印刷规
模的持续扩大。清代逐渐形成了从中央到地方、从作坊到私
家的出版印刷网，所印书籍的品种和数量，都远远超过以往
任何时代。其次是印刷业的规模化发展和印刷工艺的改进。
中国古代发明和发展的各种印刷技术，在清代都有使用，有
些技术还有所改进和发展。特别是活字版印刷，不但使用比

例大大超过任何时代，而且木活字、铜活字、泥活字等都达到很高的技术水平。雕版彩色印刷不但更普及，而且印刷质量更精美。年画印刷也发展成为一个规模很大的行业门类。印刷网点遍及全国很多地区，印刷产品进入千家万户，普及率达到历史的最高水平。因此，就传统的印刷技术应用而言，清代成为雕版印刷最后的辉煌时期。

清顺治年间，主要沿用明朝留下的技术，以雕版印刷为主。康熙四十三年（1704）武英殿开馆校刻《佩文韵府》，从此成为内府常开的修书印书机构，是清帝的御用出版机构，武英殿刻本（简称"殿本"）是清代影响最大的官刻本。嘉庆以后武英殿刻书渐衰，光绪二十七年（1901）殿内版籍因两次失火俱成灰烬。

清代地方政府和机构的印书单位称书局，刻书印刷最早的是康熙年间两淮盐政曹寅建立的扬州诗局，所刻有名的书是《全唐诗》。雍正年间，各省布政司也先后建立印刷机构。

　　清代民间印刷业最突出的是年画的印刷。明代开创的木版彩色套印技术，到清代用来大量印刷年画。由于年画走进千家万户，销量很大，从而促进了印刷业的发展。最

清殿本《康熙字典》

山东潍县（今山东潍坊）年画《狮童进门》

著名的有天津的杨柳青、潍坊的杨家埠、苏州的桃花坞，

河南朱仙镇、陕西凤翔、四川绵竹、山西临汾、广东佛山

等地也都集中了一批年画作坊。年画的题材多为民间喜闻

乐见的戏曲故事、门神、灶马、仕女及表示吉祥、丰收等

内容的画面。一直到20世纪中叶，现代印刷技术兴起，手工木版年画业才逐渐被取代。

文物背后的故事：荣宝斋与木版水印

北京荣宝斋的历史自1672年松竹斋南纸店的创立，至今已有300余年。1894年松竹斋更名荣宝斋，1896年增设"帖套作"机构，为后来木版水印事业的发展奠定了基础。1933年，鲁迅、郑振铎搜集了"北平笺谱"委托荣宝斋出版，翌年又委托荣宝斋翻刻明代的《十竹斋笺谱》。这两部书在一定程度上拯救了濒于失传的饾版技艺。1945年，荣宝斋成功试印张大千的《敦煌供养人》，开始了承继古老传统基础上的创新之旅。之后的半个多世纪里，荣宝斋将传统的饾版印刷术发展到一个全新的阶段，并将这门技艺提炼为通俗易懂的"木版水印"一词。"水印"即为水墨

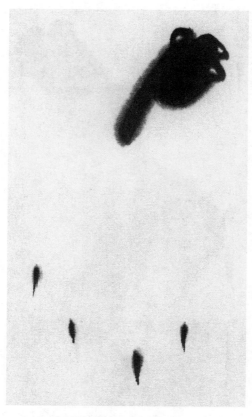

荣宝斋木版水印金鱼图　步骤 1

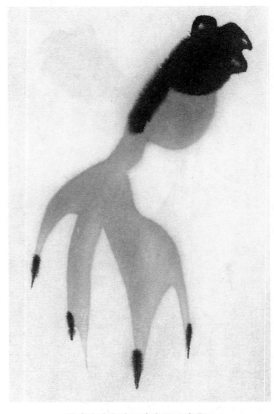

荣宝斋木版水印金鱼图　步骤 2

荣宝斋木版水印金鱼图 步骤3

荣宝斋木版水印金鱼图　步骤4

荣宝斋木版水印金鱼图　步骤5

荣宝斋木版水印金鱼图　步骤6

荣宝斋木版水印金鱼图　步骤7

荣宝斋木版水印金鱼图　步骤 8

荣宝斋木版水印金鱼图　步骤 9

荣宝斋木版水印金鱼图　步骤10

印刷，区别于油墨印刷。荣宝斋的木版水印技术在1954年已经达到很高的水平，从印制小幅作品发展到印制大幅作品，从印制纸本发展到印制绢本。当时最大的问题是稿源问题，于是古画临摹工作也就自然而然地形成了。

中华人民共和国成立后，荣宝斋开始复制大幅的

画作。知名的作品有《奔马图》《簪花侍女图》《踏
歌图》《百花齐放》等。在这些复制品中，最著名
的要数五代顾闳中的《韩熙载夜宴图》。这部作品由
荣宝斋1959年筹划，1979年完成，历时20年，雕刻木
版1667块，套印6000多次，只印了30部，十分珍贵。
《韩熙载夜宴图》使用了与原画完全相同的材质和珍
贵颜料，是雕版印刷术的巅峰之作，它被作为国礼送
给外国元首。因此，木版水印在文博界有着"下真迹
一等"的美誉。

第三章

活字印刷术的发明与发展

活字印刷术的发明是继雕版印刷术之后中国古代印刷史上的第二个里程碑。活字印刷是用木料、金属或黏土等材料制成一个个字钉（即活字），通过拣字排版，拼成一块印版，然后在其上施墨刷印。沈括《梦溪笔谈》曾记载北宋庆历年间（1041—1048），布衣毕昇发明活字版，并详细介绍了毕昇的活字版工艺。此后的900多年里，又陆续出现了木活字、锡活字、铜活字、铅活字等不同材质的活字印刷技术。

据考古发现，丝绸之路沿线已经有13—14世纪的活字实物，包括回鹘文木活字、西夏文泥活字和木活字印刷的纸品实物。1987年，甘肃亥母洞寺遗址发现了西夏文佛经《维摩诘所说经》，经考证，它不仅是12—13世纪的活字印刷品，而且可能是泥活字印刷品。1991年，宁夏贺兰县拜寺沟方塔中，又发现了西夏文佛经《吉祥遍至口和本

福建建阳地区清末民初木活字

瑞安飞云江畔的东源村木活字刻字技艺

续》9册，同样是12—13世纪的木活字印本。这两件活字
印刷品，在中国古代印刷发展史上具有重要意义。

文献结合实物都证明，中国自11世纪以来，活字印刷术
绵延应用，不断创新。毕昇之后，活字印刷的发展贯穿宋、
元、明、清四个朝代，并不断向东、向西传播，对中华文明
的传承传播，以及人类文明的进步起到了巨大的作用。

第一节　毕昇与泥活字

北宋庆历年间，平民毕昇发明了省时省料、方便快捷
的活字印刷术，开创了印刷史上的新纪元。

沈括是浙江杭州钱塘（今浙江杭州）人，北宋政治
家、科学家。他在著作《梦溪笔谈》中曾记载了毕昇发
明活字印刷术的详情。《梦溪笔谈》卷十八记载："庆

历中，有布衣毕昇又为活板。其法用胶泥刻字，薄如钱唇，每字为一印，火烧令坚。先设一铁板，其上以松脂、腊（通"蜡"）和纸灰之类冒之，欲印则以一铁范置铁板上，乃密布字印，满铁范为一板，持就火炀之，药稍镕，则以一平板按其面，则字平如砥。若止印三、二本未为简易，若印数十百千本则极为神速。常作二铁板，一板印刷，一板已自布字，此印者才毕则第二板已具，更互用之，瞬息可就。每一字皆有数印，如'之''也'等字每字有二十余印，以备一板内有重复者。不用则以纸贴之，每韵为一贴，木格贮之。有奇字素无备者，旋刻之，以草火烧，瞬息可成。不以木为之者，木理有疏密，沾水则高下不平，兼与药相粘，不可取，不若燔土，用讫再火令药镕，以手拂之其印自落，殊不沾污。昇死，其印为予群从所得，至今宝藏。"

元代刻本《梦溪笔谈》中关于活字版记载

根据沈括的记载，证明在11世纪时，活字印刷已经有完整的工艺流程，主要包括：

1.制字：用胶泥刻字。一字一印，用火烧结使其坚固，实际上已是陶质活字。

2.置范：先备一块铁板，上面放置一块铁范框，框内铺上一层用松香、蜡和纸灰组成的混合物。

3.排版：在板上紧密排布字印，满铁范为一版。

4.固版：用火给铁板加热，使混合物软化，再用一块平板压字面，保证字面平整，活字牢固。

5.印刷：固版后就可上墨铺纸印刷了。通常人们会同时使用两块版，一块印刷时另一块排版，一块印完时另一块也已排好版，这样能提高效率。

6.拆版：印完后再次用火给铁板加热，使混合物变软，取下活字。

7.贮字：将取下的活字贮存于木格字库中，备下次再用。

宋代爱国诗人邓肃创作的《和谢吏部铁字韵三十四首·纪德十一首·结交要在相知耳》一诗中写道："脱腕供人嗟未能，安得毕昇二板铁。"是说他的好友诗写得好，新诗出来以后人们争相传抄，手腕都抄脱臼了还是供不应求，如果要是有毕昇的两块印刷铁板该有多好。

1193年，南宋的江西人周必大，在给友人的信中说：

"近用沈存中法，以胶泥铜版移换摹印，今日偶成《玉堂杂记》二十八事。"这里的"沈存中法"，指的就是沈括记载的毕昇的活字印刷术。

毕昇画像，袁武绘

活字印刷术的发明，在印刷史上有着划时代的伟大意义，使印刷术从雕版印刷阶段进入活字版印刷阶段。毕昇发明的活字印刷工艺本身已相当成熟，后世出现的木活字、锡活字、铜活字、铅活字等，只是在制作活字的材质上的改变，印刷原理并无实质性变化。

第二节　王祯与木活字

继毕昇之后，另一位对活字印刷术发展有重大贡献的人物当数元代的王祯。王祯请工匠刻制了3万多枚木活字，在大德二年（1298）印刷《旌德县志》，不到一个月百部齐备，效率很高。对于活字印刷技术而言，汉字排版始终是道难以逾越的技术难题。汉字数量多，排字、拆版、还字都非常困难。王祯针对汉字印刷技术中的这一瓶颈进行了创造创新。他创造了活字板韵轮，把木活字按韵和型号排列在两个木制的大转盘里，排字工人可以坐着拣字，只需转动轮盘，就可以拣到所需要的字。王祯把木活字印书法及拣字排版的工艺写成《造活字印书法》附于《农书》之末，这是世界上最早系统叙述活字印刷术的文献。2015年，王祯入选"造纸工业世界名人堂"。

木活字在中国古代应用较广。清乾隆皇帝认为"活字板"不雅，特赐名"聚珍"。清代乾隆三十八年（1773）至嘉庆八年（1803），官方刻制枣木活字25万多个，先后印制了《钦定武英殿聚珍版书》共138种2416卷，是中国历史上规模最大的一次木活字印刷工程。金简被任命为《四库全书》处副总裁，主管监刻书籍事宜。金简对这次大规模木活字印刷工程的技术进行总结，撰成《武英殿聚珍版程式》。书中将成造木子、刻字、字柜、槽板、夹条、顶木、中心木、类盘、套格、摆书、垫板、校对、刷印、归类、逐日轮转办法等各项分列条目，附配图并简要说明。这本书堪称中国活字印刷技术史上里程碑式的重要文献，先后被译成德、英、日等文字，得以广泛流传。

在当代，古老的活字印刷工艺仍然在传承。浙江省瑞安市是典型的古代移民城市，因此，瑞安家家户户特别重视宗谱的修订，这便成为支撑木活字印刷技术在瑞安传承至今的最主要原因。如今的瑞安市东源村建成了中国木活字印刷展示馆，掌握木活字印刷技术的师傅有近百人。2010年，"中国活字印刷术"被联合国教科文组织列入"急需保护的非物质文化遗产名录"。

文物背后的故事：王祯活字板韵轮

王祯是山东东平人，是一位农学家，做过几任县官，他留下一部大型综合性农书著作——《农书》。王祯关于木活字的刻字、修字、选字、排字、印刷等方法也都附在这本书内。

王祯在印刷技术上的一大贡献是发明了活字板韵轮，古代"板"通"版"。用轻质木材做成一个大轮盘，直径约七尺，轮轴高三尺，轮盘装在轮轴上可以自由转动。把木活字按古代韵书的分类法，分别放入

元代王祯发明的活字板韵轮模型

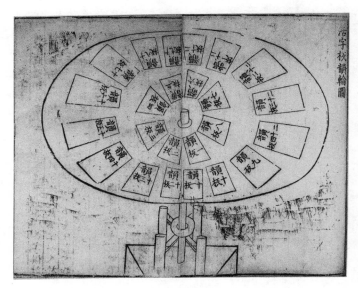

《造活字印书法》中刊载的活字板韵轮图

盘内的一个个格子里。他做了两副这样的大轮盘，排字工人坐在两副轮盘之间，转动轮盘即可找字。这就是王祯自己在书中所说的："一人中坐，左右俱可推转摘字。盖以人寻字则难，以字就人则易。此转轮之法，不劳力而坐致字数，取讫，又可补还韵内，两得便也。"这样既提高了排字效率，又减轻了排字工的体力劳动，是排字技术上的一个创举。

第三节　金属活字

中国古代活字字钉的制作材料除了胶泥、木料，还有金属。金属活字包括锡活字、铜活字、铅活字。北宋时期就有人用铜板刻成整块印版。王祯在他所著的《造活字印书法》一书中，也指出之前已有人"铸锡作字，以铁条贯

清代铜活字印本《古今图书集成》

之"。

15世纪末，江苏一带有不少书坊制金属活字印书。最负盛名的就是无锡地区的华家和安家。到了清代，金属活字更是广为应用。清康熙至雍正年间武英殿刻制铜活字大小各一副，约25万枚，排印了大型丛书《古今图书集成》，其印刷及装潢都很精美。这批铜活字为宋体字，这是历史上规模最大的一次铜活字印刷。乾隆年间，因铸造雍和宫三世佛，把这批铜活字熔化铸造成了佛像。

韩国很早就学会了中国的雕版印刷术，又学会了北宋毕昇发明的泥活字及其后的木活字印刷术，由于韩国多地产铜，所以韩国大量使用铜活字印刷，在印刷史上做出了很大的贡献，占有重要地位。

19世纪末到20世纪下半叶，铅活字印刷术在中国广为流行。

第四节　回鹘和西夏活字

1908年2月，法国汉学家伯希和率领法国中亚考察队到达敦煌，他们对敦煌千佛洞进行了详细全面的勘测和考察。在敦煌莫高窟北区第181—182窟（今敦煌研究院编号第464—465窟）的积沙中，他们发现了许多回鹘文、西夏文和藏文文献，以及968枚回鹘文木活字。1914年，俄国探险家奥登堡率领考察队在莫高窟盗走130枚回鹘文木活字。1988年至1995年，敦煌研究院对敦煌北区洞窟逐一进行了清理发掘，又发现48枚回鹘文木活字，加上由敦煌研究院文物仓库保存的6枚（也由北区出土）共计54枚。这样，截至2019年，存世的回鹘文木活字总计达到1152枚。

敦煌回鹘文木活字的发现在中国和世界印刷史上具有重要意义。它表明中国活字印刷术发明不久，就已经传播到了西夏和回鹘地区。回鹘文木活字的发现为早期活字印刷提供了实物证据，更加确认了中国首创活字印刷的地位，扩大了中国早期活字印刷的使用范围。更重要的是，回鹘文木活字中有大量的以语音组合为单位的活字，已经蕴含了西方字母活字形成的原则，其创造和使用于12—13世纪，早于德国谷登堡使用的金属活字200年左右。回鹘人创造了适合自己语言和文字特点的活字，事实上开创了拼音文字活字印刷的先河，是世界活字印刷史上的重要创新。

20世纪以来，西夏文献在内蒙古额济纳旗黑城（又称"黑水城"）遗址，甘肃武威天梯山石窟、亥母洞遗址、敦煌莫高窟，宁夏青铜峡108塔、贺兰宏佛塔、贺兰拜寺沟方塔等处相继有所发现，这些地方均出土了十分珍贵的西夏文活字印本。例如，俄罗斯科学院东方学研究所收藏的那批科兹洛夫于1908—1909年在中国内蒙古额济纳旗黑水城盗掘的文献中，有数件西夏活字印本，包括西夏文《三代相照言文集》《德行集》《大乘百法明镜集》等。

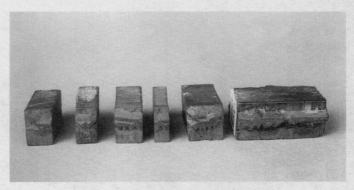

敦煌地区出土的 13 世纪回鹘文木活字（复制品）

西夏木活字印本《吉祥遍至口和本续》

1987年，甘肃武威新华乡亥母洞石窟中发现西夏文佛经《维摩诘所说经》，学者们一致认为此经为泥活字印本。1991年在宁夏贺兰县拜寺沟方塔废墟中出土西夏文佛经《吉祥遍至口和本续》9册，计240多页，约10万字。学者们认为其为西夏后期木活字印本。

第四章

彩色印刷术的发明与发展

　　彩色印刷术是伴随着单色印刷术诞生的。早期的彩色印刷技术是在一版上刷不同颜色一次性印出彩色印品，之后发展为每色分别刻版，再逐色套印。而能印出渐变层次的彩色印刷技术始于明代后期，其原理是根据原稿中的不同色彩，分别刻成印版，从而复制出近似于原作的彩色印刷品。彩色印刷技术不仅应用在书籍出版领域，也用于印刷版画、日用装饰品等领域。

彩印技术大事件

时间	事件
西汉（公元前202—公元8）	采用印花敷彩和三色套印技术印制织物
唐（618—907）	流行彩色染缬工艺
宋代（960—1279）	纸币印刷开始采用双色和多色套印技术
宋辽金西夏时期	出土一些敷彩画实物：《蚕母图》《东方朔偷桃图》《炽盛光佛降九曜星官房宿相》《药师琉璃光佛说法图》

（续表）

时间	事件
元代（1271—1368）	流行印金技术
元至正元年（1341）	中兴路资福寺刻印最早的朱墨双色套印书《金刚经注》
明代（1368—1644）	开始兴起红印本、蓝印本
明代万历、天启年间（1573—1627）	套印书籍印刷术盛行
明代天启六年（1626）	吴发祥刻印的《萝轩变古笺谱》是木版水印的开山之作
清代（1644—1911）	四色、五色、六色套印本出现
清代乾隆年间（1736—1795）	武英殿采用木活字双色套印本
清康熙十八年至嘉庆二十三年（1679—1818）	彩色套印本《芥子园画传》，成为中国木版彩色印刷的代表作之一

第一节　织物印花技术

印花技术一般专指将图案印在织物上的技术。织物是印刷术早期的承印物，而雕版印刷术的承印物一般专指纸。除了承印物，印花与雕版还有一个主要的区别便是应用的领域不同。印花多以装饰为目的，而雕版是以传播文化为主要目的。早期的印花技术包括漏印、夹缬、凸印等。

印花技术发明的年代已经无从考证，但我们可以肯定的是，从手绘到印花，人类已经走过了上千年的历史。古代的印花工艺分为直印、拔染、防染三大类型。印花织物主要是服饰品，印花技术的应用使丝绸的图案能较为快速、准确、统一地进行大量复制。

最早的印花工艺有夹版印花。其方法是用两块雕镂成同样花纹的木板、动物硬皮或油纸版等，将织物置于两块花版之间，将其夹紧，然后在雕空处注以色浆，印上花纹。其特点是花纹左右对称，色彩两面相同，并有润色现象，看起来美观自然。

刺孔漏印是在硬纸板上刺孔成像，其缺点一是花纹线条不细，二是只能间歇印出纹样。镂空花样还必须保留若干连接点，否则花纹版就会无法完整。花版制成后再在版上进行描画或直接从孔中透墨印刷。文献和实物证明，早在春秋战国时期雕刻漏版（孔版）印花在中国就已广泛应用。这类方法便是近代的钢板蜡纸油印，以及现代广泛应用的丝网印刷的源头。

西汉之后，织物装饰广泛采用凸版印花技术。凸版印花的花版不用镂空，花纹图案呈阳纹凸起状即可。印花时，将色浆或染料涂在花版的凸纹线条上，然后铺上丝织物加压，织物上便显现出花纹。这种不用镂空的印版制作技术不仅可以刻印出极细的花纹线条，还能生产出连续纹样，避免了刺孔漏印中孔与孔间歇纹样的出现，也避免了镂空印版中花纹连接点断印的出现。印刷的时候，将凸纹印花版一方一方像盖图章一样捺印。为了使接版处不留明显的痕迹，版上的花纹最好设计为四方连续的图案，即本版上边与上方邻版的下边、本版左边与左方邻版的右边的花纹相吻合，这种设计理念至今仍被世界各地的印花行业普遍采用。

后来，人们发明了印花木辊，它不像单块型版有上下左右四个边，而只有上下两个边，左右滚动便可循环连续地使用了。这种木辊类似现代印刷技术中的印版滚筒。这种木辊的长度适宜设计为与布幅同宽或略小，这样就没有接版的问题，使得劳动生产率大大提高。

近代以来，有关古代印花织物有着数次重大考古发现，举例如下。

一、长沙马王堆西汉印花纱

　　1972年，长沙市区东郊浏阳河旁的马王堆西汉墓出土，引起轰动。1号汉墓出土的女尸，距今已有2100多年，但形体完整，全身润泽，部分关节可以活动，软组织尚有弹性，与新鲜尸体相似。她既不同于木乃伊，又不同于尸蜡和泥炭鞣尸，是一具特殊类型的尸体，是防腐学上的奇迹，震惊世界，吸引不少学者、游人观光。

　　马王堆三座汉墓共出土珍贵文物3000多件，绝大多数保存完好。其中500多件各种漆器，制作精致，纹饰华丽，光泽如新。尤为珍贵的是1号墓的大量丝织品，保存完好，品种众多，有绢、绮、罗、纱、锦等。有一件素纱禅衣，轻若烟雾，薄如蝉翼，衣长128厘米，且有长袖，重量仅49克，织造技巧之高超，真是巧夺天工。

马王堆汉墓出土的各种丝织品和衣物，年代早，数量大，品种多，保存好，极大地丰富了中国古代纺织技术的史料。1号墓边箱出土的织物，大部分放在几个竹笥之中，除15件相当完整的单、夹绵袍及裙、袜、手套、香囊和巾、袱外，还有46卷单幅的绢、纱、绮、罗、锦和绣品，都以荻茎为骨干卷扎整齐，以象征成匹的缯帛。3号墓出土的丝织品和衣物，大部分已残破不成形，品种与1号墓大致相同，但锦的花色较多。最能反映汉代纺织技术发展状况的是素纱和绒圈锦。薄如蝉翼的素纱襌衣，重不到1两，是当时缫纺技术发展程度的标志。用作衣物缘饰的绒圈锦，纹样具有立体效果，需要双经轴机构的复杂提花机制织造，其发现证明了绒类织物最早是由中国发明创造的，从而否定了人们过去认为绒类织物是唐代以后才有或从国外传入的说法。

马王堆1号汉墓出土的多件印花织物，是世界上最早的有关型版印花技术的实物标本。这些印花织物分为两种。

第一种，印花敷彩纱。印花敷彩纱是目前世界上发现最早的印花与彩绘相结合的丝织品。它是用印花和彩绘相结合的方法，在轻薄的平纹组织丝织物方孔纱上印染加工而成的。马王堆汉墓内出土的丝质袍，有三件以印花敷彩纱作为面料，说明这是当时贵族妇女一种华丽的时装用料。

黄纱地印花敷彩丝绵袍，衣长 132 厘米，袖通长 228 厘米，
马王堆 1 号汉墓出土，湖南省博物馆藏

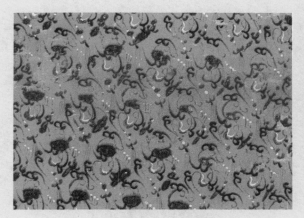

马王堆出土的西汉印花敷彩纱

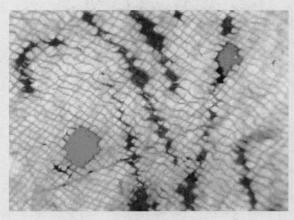

印花敷彩纱局部

印花敷彩纱纹样单元图

第二种，金银色火焰纹印花纱。马王堆1号汉墓出土了两件完整的"金银色火焰纹印花纱"，是采用了三版套色印制的、工艺精巧的印刷品。这两件印花纱，宽约48厘米，长约64厘米，其图案是由四朵有变化的云纹组成的。

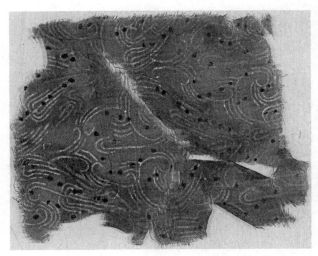

马王堆出土的金银色火焰纹印花纱残片

花纹单位宽7.6厘米，长10.4厘米，上下交错横向排列，一排为13个，一排为12个，两边各有半个单位，云纹为银色，饰金色小点。银白色和银灰色套印成纤细、旋曲的云纹线条，金色套印成叠"山"形的小圆点，相互组合在一起，像一团火焰。

二、广州南越王墓印花版

1983年，在广州市区北部象岗山南越王墓发现了大量的珍贵文物。在整理南越王墓出土物时发现有几片残铜片，文物工作者将其去锈处理、拼接修复后发现，它们竟是大小两件青铜印花凸版。经研究，它们是用于丝绸印花的凸版。这是一个非常重要的考古发现。

印花凸版出土于墓内西耳室，其西侧是大量的丝织品，出土时通体包裹丝绢。其中较大的一件基本完整，形体扁薄呈板状，正面花纹似小树形，有旋曲的火焰状纹。纹线凸起，大部分非常薄锐，厚度0.15毫米左右。凸纹与铜器底板垂直距离约1毫米，在凸纹之间形成凹槽或凹面。花版背面有一穿孔小钮。全器长57毫米，宽41毫米。另一件形体扁薄呈板状，较小，出土时已碎为4件，专家将其粘对拼复。花纹近似"人"字形，正面也有凸起的云

青铜印花版，广州南越王墓出土

纹。凸纹厚度约为0.2毫米，全器长34毫米，最宽18毫米，背面也有穿孔钮。两件铜器表面凸起的花纹均在同一平面上，有磨损痕迹，有的已磨圆钝，表明已经使用过。背面穿有小孔的钮显然是一种方便握、持的部件。因此，两件铜器显然是一种用于蘸色印刷花纹的印版。

两块的纹样组合起来，与上述马王堆1号墓出土的金银色火焰纹印花纱十分相似，只是纹样单位要比马王堆的大一些。而且在南越王墓已炭化的织物中也发现有这种纹样的印花。印花工具与成品同出于一墓，意义不同寻常。马王堆出土的金银色火焰纹印花纱被认为是目前世界上最早的彩色套印丝绸，而南越王墓发现的套印工具更为此提供了有力的证据。

关于这两块印版的制作工艺究竟是铸造的还是雕刻的，暂时还没有相关部门采用现代科技手段专门进行鉴定。根据印版的表象特征和墓葬中同时出土的铜器物来看，应当属于铸造的。那么，同样的印版可能还有数块。

2000多年前，南越国的工匠能生产出图案如此清晰流畅的凸版工具，并用来印刷丝绸，确是一件难能可贵的事情。可以想象，当时的工匠手持这种规格的花版，在台板上按先横后竖的次序，盖图章似的逐个在丝绸上盖印，每米织物上一共要盖印600多次。这不仅是一种印刷术，而且是多版套印技术。这两块铜印花凸版是目前世界上保存最早的彩色套印工具，它们在科学技术史、印染工艺史及雕版印刷史上都有着重要的意义。

三、南宋黄昇墓印花衣裙

1975年10月，福州市浮仓山发现了一座南宋墓葬，墓主人为年轻的女贵族黄昇。据《福州南宋黄昇墓》所载，

南宋黄昇墓出土烟色梅花罗镶花边单衣，小襟边印金桃花和流苏

南宋黄昇墓出土的褐色罗印花褶裥裙

黄昇墓随葬服饰201件，整匹丝织品及剩料153件，其中有大量带印花领袖和衣襟的丝绸服饰。服饰的对襟和缘边都镶上一条印花与彩绘相结合或纯彩绘的花边，计79件。其中袍8件、衣39件、裙15件、单条花边9件，还有印花裙3件、印花单幅料1件、巾3件、印花香囊1件。这批面世的印品数量大、花色品种全，印品制作工艺几乎涵盖了宋代盛行的全部印花技术，因此，完全可以说黄昇墓是中国宋代印花织物的宝库。

黄昇墓中出土的印花品按照工艺特点可以分成三大类。

1.凸纹印花加彩绘

织物的凸纹版印花，是根据所设计的纹样，在平整光洁的硬质木板上雕刻阳纹的花纹图案，再将厚薄适宜的涂料色浆或胶粘剂涂在版上印出花纹图案的底纹轮廓，这是印花彩绘工艺的第一步。而后再在印纹的基础之上描绘敷彩。最后往往还需用白、褐、黑等色或以泥金勾勒花瓣和叶脉。这是汉唐以来凸版印花的延续和发展。宋代的这种阳纹版印花，多为成组图案的条饰花边。镶在袍、单衣、夹衣、裙和花边条饰上的纹饰，采用多种花谱，印绘结合组成各种花纹图案。这种印花和彩绘相结合的方法，部分代替了手工描绘花纹的方法，在一定程度上提高了生产效率。

2.印金技艺

宋代的印金工艺是指在花纹版上蘸上泥金，后再上薄浆，然后将其固着在熨平光洁的丝织物面上，直接印出金色轮廓的技术。黄昇墓中印金工艺主要为泥金印花。泥金印花是在阳刻图案的纹版上，蘸上调制的泥金，然后在上过薄浆的、平整后的丝织物上直接印出花和叶子的轮廓，最后叶内再填彩，成为印金填彩的花纹。黄昇墓中有56件袍、衣、裙的花边是用这种泥金印花方法制作的。

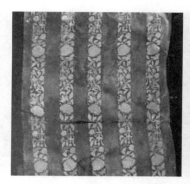 

黄昇墓出土的印花彩绘芍药缨络花边　　黄昇墓出土的印金荷菊花边

印金工艺在辽墓中也有发现，较为典型的是耶律羽之墓出土的一件印金花树领缘紫色罗袍。此袍领上的金色花树纹样有着极为明显的界线，在显微镜下看不出任何黏合剂的痕迹，但可看出金箔有翘起的情况，推测是用极微弱的黏合剂将金箔压印上去的。

3.镂空印花

从黄昇墓出土的镂版织物来看，南宋时期的镂空印花织物纹饰的底纹是采用硬纸板镂空成为花版，再将版平置于经过平整处理的丝织物上，而后直接刷印。印花所用的颜料，用黏合剂调配。由于反复多次涂刷色浆，以至印花

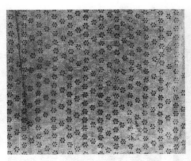 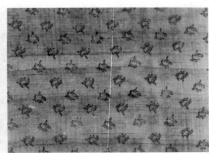

黄昇墓出土的黄褐色绢，印有靛蓝小　　黄昇墓出土的双虎纹印花绢
点花裙面

后色浆覆盖了织物的纱孔，且纹线凸起，有一定厚度，有的地方还有渍版现象。但总的来说，花纹线条还是比较润泽流畅的。一般来讲，花、蕾等主要部位则在印好底纹之后，再加工描绘。

四、辽代《释迦说法相》

1974年7月，人们在修缮山西应县木塔时共发现雕版印刷品61件，其中《契丹藏》12卷、其他佛经35件、刻书2件、杂刻6件、刻印彩色佛像6件。可以说，这是印刷史上继敦煌藏经洞、西夏黑水城文献的发现之后的又一石破天惊的重大发现。

　　木塔中所出的三幅《释迦说法相》弥足珍贵。该画幅面较大，三幅尺寸基本一致（略有出入），长约66厘米，宽约61.5厘米，均为绢地，原物折叠存放于塔内的一只六曲银盘中。画面为释迦牟尼扶膝端坐于莲台，披红色佛衣，头部光圈内红外蓝。顶部华盖饰宝相花，帛幔下垂，华盖两旁饰以天草，其外印有"南无释迦牟尼佛"七个字，文字一侧为正向，一侧反向。佛前有比丘、比丘尼及男女居士四众，合十肃立于下两角。另有供养人合十肃立，头有钗饰。两个化生童子，身绕祥云。整个画面结构繁复，布局紧凑。

　　这三幅画可能是采用了漏版印刷的方式，并且是三色套印。可能是为了使前后信众都能看到佛画，并看到一行正书的榜题，这三件珍贵佛画材质选用几乎透明的薄绢，还进

山西应县木塔出土的《释迦说法相》

《释迦说法相》复制夹缬版

行了正反对折。它们很有可能是用来悬挂在法会或道场上，不阻碍光线。有风时，尽管绢幡摇摆，人们仍然可见画上的人物栩栩如生。辽代绢本三色彩印佛画不仅尺幅大，而且由三色套印而成，在印刷史上有着重要意义。

第二节　书籍彩色印刷

书籍领域的彩色印刷只有不到1000年的历史。不过彩印技艺古已有之，在拙作《中国彩印二千年》一书中已详述其变迁。总的来说，彩色印刷走过了一条从美化生活的彩绘彩艺到纸上彩绘彩印的道路。书籍与图画一般用单色印刷时常用到黑色。无论是谈及笔墨纸砚，还是形容文人墨客，只要"墨"这个字单独出现，仿佛它就是黑色的。如果要指别的"墨"，前面定要加上表示颜色的定语。每一块雕版都会被印上数十百千次，木印版经过不断地吸水墨膨胀和风干，加上不断地被刷蹭，雕版的字口会逐渐磨损，因而字迹会越来越走样。因此，最先印的书籍版本字迹最清晰，也就最珍贵。最初印的本子就被称作"初印本"。那些漫漶不清的后印本被称为"花脸本"。明代兴起"巾帕书"以后，为了表示初印本的珍贵，也表示可供被赠予者指教"斧正"，初印本会先用红色墨或蓝色墨印刷，称"朱印本"或"蓝印本"。词典中"蓝本"一词表示著作或图画所根据的底本，就是这么来的。随着文化的发展，对印本的要求越来越高，便创造了在一张纸上印几种颜色的书籍，即多色套印。

多色套印也有两种方法：一种是在一版上刷不同颜色一次印刷；另一种是每色分别刻版，再逐色套印。多色套印的方法起源于宋代，用于纸币的套印。元代出现书籍的朱墨套印。现存最早的套印书籍便是台湾省藏朱墨双色印本《金刚经注》。由元代中兴路资福寺禅师无闻和尚注解，元至正元年（1341）刊印。书后有刘觉广于至元六年（1340）为本书写的跋文，说：“师在奉甲站资福寺丈室注经，庚辰四月间，忽生灵芝，茎黄色，紫艳云盖。次年正月初一日夜，刘觉广梦感龙天聚会于刊经所赞云。”书中的《无闻聪和尚注经如意灵芝图》便生动地讲述了这个“注经生灵芝”的故事。清朝周克复作《金刚经

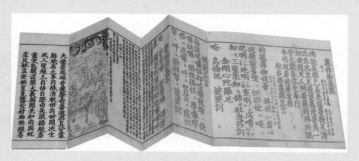

中兴路资福寺刊朱墨套印本《金刚经注》

《无闻聪和尚注经如意灵芝图》

持验记》，其中更是详细地记载了这个传说："元无闻聪禅师。汝水香山人。至元元年辛巳。资福寺无碍长老。请师注解金刚经。三十二分。时有紫云覆寺。既毕。法座庭前。连产五色灵芝数本。所注经。流通至今。聪师每分注解外。各缀颂语。开人天眼。透金刚山。宜有紫云瑞芝之应。亦有刻经。而板中流出舍利者。皆智慧人。自结智慧果。"

对该书是如何印成的，民国以来一直有争论。其实大多争论是因为没有见过"庐山真面目"。该书是由红色和黑色分别雕刻印版，然后先印红色，再套印黑色，两次套印一个印张，再粘页、折叠、装帧而成。它确是现存最早的、独一无二的高颜值孤本，插图精美，朱墨粲然，妙不可言。

如果说宋代是雕版印书的黄金时代，那么明代便是彩色印书的黄金时代。明代书籍成为上层人士的伴手礼，因此人们对书籍的颜值有了更为普遍的要求，彩印书籍便成了一种风尚。但是如果彩印书籍送到了讲究品位的宋代文人如苏东坡、王安石手里，很可能会被疯狂吐槽。即便是我们现代，成人书籍彩色印刷文字的情况也不多见。不过，彩色套印代表了印刷技术发展的一个新高峰，既是历史发展的规律，也是技术进一步创新的基础。套印本又可分为朱墨双色、朱墨蓝三色、朱墨蓝绿四色、朱墨蓝绿黄五色等品类。一般是用黑色印主要文字，刷印在先，红色印天头的批语和字里行间的评语与圈点，刷印在后。朱墨两种颜色所代表的文字，有主从之别。

明代彩印书籍存世不少。流传以多广著称于世的要算万历、天启年间的闵家和凌家。闵氏家族中，万历时期闵齐伋所刻朱墨本《东坡易传》《东坡书传》《礼记集说》《花间集》等十分有名。其他闵姓家族中刻朱墨套印本

凌濛初朱墨套印本《韦苏州集》，韦应
物撰

的，万历时有闵于忱刻《孙子参同》、闵日斯等刻《秦汉
文钞》，天启时有闵齐华刻《九会元要》，等等。凌氏家
族中刻套印本的以凌濛初为巨擘。他所刊刻的朱墨本更偏
于文学方面，在万历年间刻得最多，有《诗经》《陶靖节
集》《王右丞集》《周礼训笺》等。闵、凌两家的套印本

清乾隆年间五色套印本《劝善金科》

正文用万历流行的方体字或天启时使用的长方体字，都很工整。

　　清代乾隆年间武英殿刊刻的《劝善金科》是一部穿插套印的杰作：卷端书名和行间的曲牌用黄印，书内各出戏名用绿印，演员表演的曲词和道白用墨印，角色及表示动作的说明文字用红印，此外曲词间韵、叠、句等文字表示用蓝印。各色文字还有大、小字的不同。五种颜色，真正的五彩斑斓，很是好看。

第三节　饾版彩色印刷

明代在印刷技术上的新突破是首创了饾版彩色印刷和拱花技艺。

所谓饾版印刷，就是按照彩色绘画原稿的用色情况，经过勾描和分版，将每一种颜色都分别雕一块版，然后再依照"由浅到深，由淡到浓"的原则，逐色套印，最后完成一件近似于手绘画稿的彩色印刷品。为什么叫饾版呢？"饾"指堆砌，常作"饾钉"。饾钉是明清时期江南地区流行的一种点心，《升庵全集》之《食经》里讲："五色小饼，作花卉珍宝形，按抑成之盒中累积，名曰斗钉。"苏州人唐寅作《桃花坞祓禊》诗："谷雨芳菲集丽人，当筵饾钉一时新。"饾版是将同一版面分成若干大小不同的版，每块版代表版面的一部分，分别刷上不同的颜色，逐个印到同一张纸上，拼集成为一个整体，与饾钉形似神似，异曲同工，故名。当今木版水印技术的流程与分工，就是在饾版技术的基础上发展起来的。

　　明万历时期（1573—1920）是中国古代版画彩印史的一个分水岭。在中国版画史上，明代彩色套印版画所遗作品最多，成就亦最高。自宋、元以来，人们长期探索的木刻彩印技术，至此产生了质的飞跃，得到淋漓尽致的发挥。明代末期，金陵胡正言率先使用饾版技术印刷《十竹斋书画谱》。他将图画按所需颜色的不同，将一块大版分刻成不同的小版，再将雕版刷好颜料后叠放在一起，这样就形如活版套印一样，在一张印刷品上呈现多种色彩，解决了印刷色彩层次不鲜明的问题，使版画无限接近原画，这在古代版画史上具有代表性和创新性。为了刊成这部画谱，胡正言付出了许多辛劳。据程家珏《门外偶录》载，胡正言对刻工"不以工匠相称"，与他们"朝夕研讨，十年如一日"。由于饾版技术繁复，工艺要求很高，分版、刻版、对版、着色、印刷来不得半点儿马虎，因此，在付印前他还要"亲加检校"，以保证刻印质量，所以印出来的成品，实已达前所未有的化境。杨文骢在此谱的小引中说："淡淡浓浓，篇篇神采；疏疏密密，幅幅乱真。"

《萝轩变古笺谱》是目前发现最早使用饾版印刷的书。笺谱由颜继祖辑稿，吴发祥刻版，刊印于明天启六年（1626）。笺谱的命名突出了"变古"。卷末颜继祖写的后记中特别阐明"我辈无趋今而畔古，亦不必是古而非今，今所有余，雕琢期返于朴"。除创新运用饾版变古之外，《萝轩变古笺谱》还首创了拱花技艺。拱花俗称凹凸

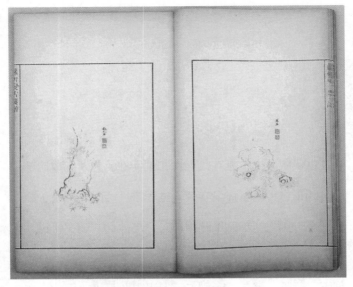

现存最早的饾版书《萝轩变古笺谱》

版，是在木板上雕成图案纹线凹陷的阴版，砑印后使纸面拱起产生立体感的工艺。

饾版的代表作品《十竹斋笺谱》刊行于崇祯十七年（1644），由胡正言辑印。胡正言是明代末年书画篆刻家、出版家，字曰从。因其家中庭院种竹十余株，所以将其居室名为"十竹斋"。胡正言以自己的名望和经济实力，经常选雇刻印名手到他斋中工作，并与工匠们"朝夕研讨，十年如一日"，因此"诸良工技艺，亦日益

明末饾版代表印本《十竹斋笺谱》

"五色小饼"——饾版与花笺

加精"。《十竹斋笺谱》运用当时时髦的拱花和饾版工艺，将彩色套印木刻画艺术水平推向新的高峰。《十竹斋笺谱》被鲁迅誉为"明末清初士大夫清玩文化之最高成就"。《十竹斋笺谱》全谱共4卷，所收录笺纸纹案题材有华石、博古、胜览、雅玩、折赠、寿征、灵瑞、文佩、杂稿等，共计283幅。

第四节　年画印刷艺术

年画是中国特有的民间美术形式，始于古代的"门神画"。早在汉代就已经出现了"守门将军"的门神雏形。唐代以来佛经版画的发展和雕版技术的成熟，以及宋代市民文化的发展，大大促进了木版年画的繁荣。木版年画由其最初的单色版画的形态逐渐发展至彩色版画，并从手工上色发展出彩色套印技艺。

　　追溯起来，年画有着1000多年的历史，但是"年画"一词出现的时间并不长，它有一个不断演变的过程。它在宋代曾被称为"纸画"，明代多称为"画贴"，清代早期、中期一般称为"画片""画张""卫画"等，直到清道光二十九年（1849），李光庭的《乡言解颐》一书中始见"年画"一词。这种民间工艺品大都用于新年时张贴，装饰环境，含有祝福新年吉祥喜庆之意，故"年画"的名称恰如其分，延续至今。

　　由于年画影响广泛，故成为印刷史学中一个专门的门类。其基本艺术特色表现为喜庆、欢乐、吉祥，画面追求火红、热闹、活泼，线条单纯，色彩鲜明、热烈。年画的形式分为大门画、屋门画、炕头画等。它的内容题材非常广泛，如仕女、花鸟、风景、婴儿娃娃、社会风俗人情、历史、文

清代著名年画

学故事等，主要反映出人们对生活美满、多子多福、丰收有余的向往和宣传敬老爱幼、家庭和睦、勤俭节约等传统道德风尚，并且常以吉祥图案形式表现题材，深受广大民间群众的喜爱。因为各地的风俗爱好不同，木版年画逐渐形成了几个区域性的年画生产基地。著名的年画产地有天津杨柳青、山东杨家埠、苏州桃花坞、四川绵竹等。

一、天津杨柳青

天津西南方的杨柳青年画是中国北方流传最广、影响最大的民间木刻画之一。杨柳青年画产生于明崇祯年间，清雍正、乾隆时期逐渐繁荣。每年十月至年末，各地客商云集，将这里印刷的年画贩运到各地销售。在杨柳青附近百里以内，很多村子的农民都将年画印刷作为家庭副业。

杨柳青年画的特点便是其制作方法，为"半印半

杨柳青年画《连年有余》

清乾隆天津杨柳青年画《渔归》

画"，即先用木版雕出画面线纹，然后上墨印在纸上，套过两三次单色版后，再以彩笔填绘。把版画的刀法版味与绘画的笔触色调，巧妙地融为一体，使两种艺术相得益彰，构成与一般绘画和其他年画不同的艺术特色。由于彩绘艺人的表现手法不同，同样一幅杨柳青年画坯子（未经彩绘处理的墨线或套版的半成品），可以分别画成精描细绘的"细活"和豪放粗犷的"粗活"，从而形成迥然不同的艺术风格，各具艺术价值。

二、山东杨家埠

山东省潍坊市杨家埠的年画历史悠久，始于明朝末年，繁荣于清代，迄今已有400多年的历史。杨家埠木版年画以浓郁的乡土气息和淳朴鲜明的艺术风格而驰名中外。清代杨家埠"画店百家，年画千种，画版数万"，是当时全国三大画市之一。其年画的题材非常广泛，祈福迎祥、消灾除祸的神像画十分齐全完备。清代咸丰年间杨家埠年画达到辉煌期，画店星罗棋布，仅西杨家埠由杨氏一家开设的店铺就有82家。

山东杨家埠年画《年年有余》

杨家埠年画的印制方法简便，工艺精湛，别具特色。杨家埠木版年画分勾描、刻版、印刷三道工序。年画艺人首先用柳枝木炭条、香灰作画，名为"朽稿"。在朽稿基础上再完成正稿，描出线稿，然后反贴在梨木版上供雕刻，分别雕出线版和色版。再经过调色、夹纸、兑版、处理跑色等，最后手工刷印。杨家埠的工匠们还对年画印刷工艺不断创新，初期为小案子坐印，后改为大案子站印。年画印出来后，还要再手工补点各种颜色进行简单描绘，以使年画显得自然生动。

三、苏州桃花坞

桃花坞年画因曾集中在苏州城内桃花坞一带生产而得名。桃花坞木版年画盛于清代雍正、乾隆年间，是中国南方最大的年画生产基地之一。桃花坞年画主要采用套版印

苏州桃花坞年画

刷，也兼用着色，以红、黄、蓝、绿、黑为基本色调。由于直接受到胡正言饾版技术和清初期《芥子园画传》的影响，其印刷年画，在构图、雕版、印刷等方面，都达到较高的水平。桃花坞年画多以南方风景名胜、民俗风情为主要题材，如《姑苏万年桥》《玄妙观庙会》等都是桃花坞年画的代表作品。

桃花坞木版年画制作一般分为画稿、刻版、印刷、装裱和开相五道工序，其中刻版工序又分上样、刻版、敲底和修改四部分，其主要工具为拳刀，同时以弯凿（剔空）、扁凿、韭菜边、针凿、修根凿、扦凿、水钵、铁尺、小棕帚等工具配合使用。套色印刷亦有一套程序，主要包括看版、冲色配胶、选纸上料（夹纸）、摸版、扦纸、印刷、夹水等步骤。

桃花坞木版年画的形式主要有门画、中堂、条屏，主要表现吉祥喜庆、民俗生活、戏文故事、花鸟蔬果等民间传统审美内容，民间画坛称之为"姑苏版"。《寿星图》是目前发现的最早的桃花坞木版年画，收录在日本的《支那古版画图录》中，画面上刻有"万历廿五年（1597）"的刊记。

乾隆时苏州丁亮先用饾版印刷了许多花鸟画，雕刻精细，并采用拱花技术，印在白色的纸上，色彩绚丽，是套色印刷中不可多得的精品。法国国立图书馆、英国国家博

丁亮先制作的饾版印刷花鸟画，冯德宝先生藏

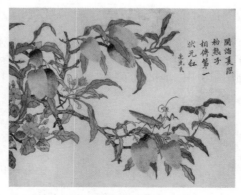

丁亮先制作的饾版印刷花鸟画，冯德宝先生藏

物馆和瑞典的冯德宝（Christer Vonder Burg）先生有不少收藏。从法国所藏档案文献可知丁亮先是天主教徒，生活在乾隆中叶，与在苏州传教的欧洲传教士多有来往，他不仅自己印刷，还从事洋画的交易，他的作品很可能通过传教士和外国商人销到欧洲。乾隆时苏州一带还有人仿照西洋的透视法制作年画和其他文学题材的印刷品，现仍有一些保存在欧洲和日本的博物馆。

四、四川绵竹

　　四川绵竹也是全国年画的主要产地之一。清代乾隆、嘉庆年间，绵竹有大小年画作坊300余家，年画专业人员逾千人，年产年画1200多万张。其产品还远销印度、日本、越南、缅甸等国家和中国香港、澳门地区。绵竹年画从题材上分红货、黑货两大类。红货指彩绘年画，包括门画、

清代四川绵竹年画《财神》

斗方、画条。其中门画有大毛、二毛、三毛等大小之分，供大门、厅门、房门、灶门等张贴之用；画条分中堂、条屏、横推、单条等，供厅堂、居室、走廊及牲畜圈等张贴之用。黑货，是指以烟墨或朱砂拓印的木版拓片，多为山水、花鸟、神像及名人字画，此类以中堂、条屏居多。

绵竹年画和中国其他年画一样首先是要刻成线版。但是线版在绵竹年画中只起轮廓作用，其他全靠人工彩绘，从不套色印刷。制作程式和特色全在于手工施彩和勾线，具体工艺有以下几种：1.明展明挂。绘工精细富丽。2.勾金。笔蘸金粉或银粉勾出图案。3.花金。属于彩绘后的再加工，用木制花型戳子，拓上金或银色花纹，现所见花戳子约三十几种，分服饰花、帽花、衣角花、袖口花。4.印金。印过墨线和彩绘后，再用原印版复印一遍胶水（脸手除外），然后撒上金粉或银粉，扫净余粉后即显出金线或银线。5.水墨。讲究笔墨烘染和淡雅的色调。6.常形。力求设色单纯。7.捺水脚。即寥寥几笔大写意，这是绵竹年画的特色绘法。

另外，绵竹年画在用纸、用笔、用色上也别具一格。传统绵竹年画一般都用当地特产的粉笺纸和鸳鸯笔（特制扁笔，一边蘸水，一边蘸色）。颜色多由矿物色和民间染料加胶矾调制而成，风吹日晒经久不变，主色有佛青、桃红、猩红、草绿，其次是金黄、天蓝等，产生鲜艳明快、对比和谐的艺术效果。

五、其他地区

木版年画发展到清中后期，几乎遍及全国各地。除了上述四个地区，还有好多人们耳熟能详的产地，例如河南朱仙镇，其木版年画以套版印刷为主，特点是印刷时采用

清代河南朱仙镇木版年画《观音送子》

一种透明的水色，印出的年画版面略显木纹。朱仙镇木版

年画具有线条粗犷奔放、形象古朴生动、色彩浑厚强烈的

鲜明特色，在全国诸多年画流派中独树一帜。

　　河北武强木版年画具有浓郁的乡土气息和地方特色。

武强年画以阳刻为主，兼施阴刻，运用黑白对比的手法，

发挥出木刻刀韵的效果。在着色上，以大红大绿为主，色

清代河北武强年画

彩强烈、鲜明，风格独特。

此外，山西晋南所印年画继承了金代平阳地区独特风格的雕版印刷传统，多为整版墨印之后再行着色。陕西关中与汉中，所印年画，古朴简练，内容红火，色彩浓烈。还有广东佛山、福建泉州、湖南邵阳、湖北汉阳、内蒙古包头、云南大理和丽江、台湾台南等地以及一些少数民族地区，也均有具有当地特色的年画。

第五章

印刷术的外传与影响

中国是印刷术的故乡。它由中国发明，走向世界，走向辉煌。

2000多年前，张骞出使西域，连接长安与罗马的"陆上丝绸之路"正式打通。隋唐之时，"海上丝绸之路"兴起。2000多年来，通过丝绸之路，中国的丝绸、茶叶、陶瓷等源源不断地传入西方，而西方的香料、波斯蕃锦、瓜果、蔬菜等则输入东方。丝绸之路当然不只是一条物资交换之路，它更是一条东方与西方之间经济、政治、文化交流的主要道路。通过这条道路，中国的造纸术、指南针、火药、印刷术经阿拉伯地区传播到欧洲，阿拉伯的天文、历法、医药被引进到中国，在文明交流互鉴史上写下了重要篇章。

中华印刷术的发明，启发和引领了世界其他地区印刷术的发展，对推进人类命运共同体起到了巨大作用，功垂史册、彪炳千秋。正如2014年习近平在中国科学院第十七次院士大会、中国工程院第十二次院士大会上的讲话中指出的："在5000多年文明发展进程中，中华民族创造了高度发达的文明，我们的先人们发明了造纸术、火药、印刷术……为世界贡献了无数科技创新成果，对世界文明进步影响深远、贡献巨大，也使我国长期居于世界强国之列。"

第一节　印刷术在亚洲的传播与影响

中国发明印刷术后，逐渐向世界各地传播。很多国家的印刷技术或是由我国传入，或是由于受到中国的影响而发展起来。最早由我国向东传入朝鲜半岛、日本，向南传入越南、菲律宾等东南亚国家，之后又向西经过中亚、西亚进而传到欧洲各国。这里以朝鲜半岛、日本、菲律宾、越南、伊朗为例，展示早期印刷术在亚洲的东传、南传和西传。

一、朝鲜半岛

历史上，中国和朝鲜半岛上各个时期的政权都有着千丝万缕的关系。2015年，北京大兴区发现墓葬群，其中一块墓砖铭文记载墓主人去世于539年，为"乐浪郡朝鲜县人"。乐浪郡便是汉代在朝鲜半岛上设立的汉四郡之一。所以自然而然地，朝鲜半岛较早发展了印刷事业。

7世纪末期，新罗王朝统一朝鲜半岛。此后，新罗全面吸收唐文化，并派遣了大批留学生到中国学习儒学和汉文化，中国的优质手工纸，特别是皮纸也在朝鲜半岛的高丽王朝时期落地生根，并发展出本地特色。出产自朝鲜半

2015 年，北京大兴区墓葬群出土的墓砖

岛的高丽纸厚实挺括，适合书写各种文字。制墨技术也在唐代由中国传入朝鲜半岛，朝鲜半岛出产的墨质地精良，外观光泽如漆。纸和墨的发展是印刷术出现的前提。

1.雕版印刷

最初，朝鲜半岛通过文化交流从中国带回印刷品。渐渐地，半岛居民开始以中国带回的印刷品作为蓝本，开创印刷事业。1966年，在韩国庆州佛国寺的一座古塔中发现的一件唐代长安的印刷品《无垢净光大陀罗尼经》，即是由朝鲜半岛僧人带回的。最近这些年来，在朝鲜半岛不断发现丝绸、铁器等古代文物，据考证很多都来自中国内地。

朝鲜半岛现存最早的印刷品是《一切如来心秘密全身舍利宝箧印陀罗尼经》（以下简称《宝箧印陀罗尼经》），为雕版印刷，印刷地点在开城的总持寺，印刷

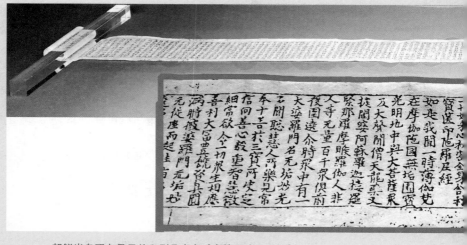

朝鲜半岛现存最早的印刷品中文《宝箧印陀罗尼经》

时间为1007年。此卷子本长240厘米，宽7.8厘米。这卷
《宝箧印陀罗尼经》与浙江地区出土的《宝箧印陀罗尼
经》无论是经卷的内容还是版式都是一样的，只是雕刻
水平差距明显，其卷首扉画略有不同，明显不同的只有
题记。1917年湖州天宁寺出土的《宝箧印陀罗尼经》题
记为："天下都元帅吴越王钱（弘）俶印《宝箧印经》
八万四千卷，在宝塔内供养。显德三年丙辰岁记。"显

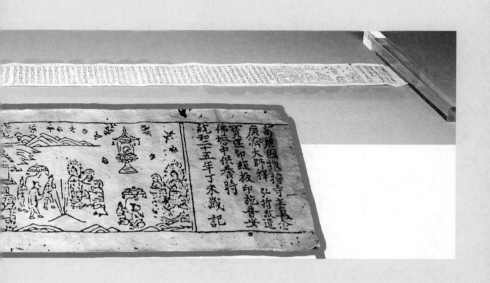

德三年即956年。而高丽《宝箧印陀罗尼经》题记为：
"高丽国总持寺主真念广济大师释弘哲，敬造《宝箧印
经》板印施普安佛塔中供养。时统和二十五年丁未岁
记。"显然高丽本是据钱俶刻印的经卷为底本，刻印时
间晚51年。

　　从显宗王询时代（1010—1031），朝鲜半岛官方开
始组织大规模印刷事业。朝鲜半岛以北宋《开宝藏》和辽

《契丹藏》为蓝本，刻印了朝鲜半岛第一部佛经总集《大藏经》，共5924卷，史称"高丽大宝"。后毁于战争，高丽高宗二十四年（1237）开始重新雕造，于高宗三十八年（1251）刻成，共计6791卷。这部经版，几经修补，多次印刷，一直保存到现在，即有名的《高丽藏》。

古代朝鲜半岛没有文字，一直使用汉字，到了1446年，名曰"谚文"（即现在通行的朝鲜半岛文）的朝鲜文才创造出来，从此，又有了谚文印本和中谚文对照本，比较早的朝鲜半岛谚文刊本，是1463年印行的《法华经》。道家的《敬信录谚释》则是早期的中谚文对照本。

由于高丽王室对印刷事业的重视，朝鲜半岛的雕刻品不仅仅局限于佛经道书，官方还大量刻印中国经、史、子、集、医学著作，大多版本是完全照着中国的原样翻刻的，可见朝鲜半岛受中国印刷影响之深。

2.活字印刷

在11世纪后半期，义天和尚旅居杭州时，很可能就获知了同时代的沈括在《梦溪笔谈》中关于泥活字的发明的记载。1102年，中国古代铸钱的方法也传入了朝鲜。天时、地利都对朝鲜采用活字印刷起了推动作用。

14世纪的朝鲜半岛正值王氏高丽后期。1351年，五十四岁的禅僧白云和尚历经艰辛，到达中国湖州的霞雾山，向临济宗十八代禅师石屋禅师求法。白云和尚拜见了石屋禅师，石屋禅师授给他《佛祖直指心体要节》一卷。回国以后，白云便在海洲的安国寺和神光寺等担任住持，全心培养后辈，同时努力把石屋禅师传授的《佛祖直指心体要节》印刷传播。在他的信徒们的努力下，在白云和尚逝世三年后，活字版《白云和尚抄录佛祖直指心体要节》在清州兴德寺刊行，分上下两卷，但是流传到如今，仅存

Source gallica.bnf.fr / Bibliothèque nationale de France

铜活字印本《白云和尚抄录佛祖直指心体要节》

　　下卷保存在法国国立图书馆，其书名被简称为《直指》，
广为传播。尽管该《直指》善本并不在韩国国内，但依然
被列为韩国国家文化遗产1132号。2001年联合国教科文组
织将其列入《世界记忆名录》。为弘扬韩国印刷文化，自
2003年以来，韩国清州市政府隔年举行直指节，其教科文
组织还会颁发直指奖。

　　1403年，朝鲜半岛上设立了铸字所，开始大规模铸造铜活字，此后460多年间，共铸造了近30副金属活字，其字数达二三百万之多。其中除1副铅活字、2副铁活字外，均为铜活字。从此，用铜活字印书成为朝鲜半岛印刷工艺的主要方式。在各套铜活字中，以1434年（据称是仿效4世纪东晋著名书法家卫夫人书法而刻铸）的字体最精美，也是最受人们喜爱的活字印刷体。这年是甲寅年，故称"甲寅字"，甲寅字被称为"朝鲜万世之宝"。

　　朝鲜半岛的铸字方法，据15世纪朝鲜半岛学者成俔说，是先将黄杨木刻成字，压入软的胶泥中做成字模，再把熔化的金属倾入范内凝固成字，然后加工成为能用的金属活字，这和中国铸铜印的方法几乎是一样的。

二、日本

在中国三国时期至唐朝这段时间里，朝鲜半岛上的新罗、百济等国一直充当中国文化向日本传播的桥梁。中国的造纸术也正是经由朝鲜半岛东传日本的。645年，日本发生"大化改新"，随后开始向唐朝派遣唐使和留学生，全方面学习中国的儒家文化和先进技术，这些人回国后带回不少笔、墨、纸、砚和抄本、印本书籍。其中包括：日本留华僧人玄防于734年返回日本时带回佛经5000余卷；日本派遣唐使吉备真备于750年来华，后成为称德天皇的老师。此外，扬州高僧鉴真大和尚于754年到日本宣扬佛法。这三个人不仅提供了印刷的样本，也带去了雕版印刷技术，还为称德天皇（即孝谦天皇）于764年下令刻印《百万塔陀罗尼经》提供了动力。

日本现存最早的雕版印刷品便是《百万塔陀罗尼

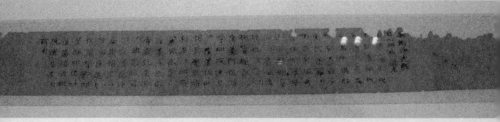

中文《百万塔陀罗尼经》，日本东京国立博物馆藏

经》，现存于日本东京国立博物馆。其印成于770年。《百万塔陀罗尼经》内容节录自中国唐朝的佛经《无垢净光大陀罗尼经》中的根本、慈心、相轮与六度等四种陀罗尼。据成书于794年的《续日本纪》卷三十、奈良《东大寺要录》、《药师寺缘起》等史籍记载，日本天平宝字八年（764）孝谦天皇平定藤原仲麻吕兵乱，乃发宏愿，建三重小塔100万座，印制根本、慈心、相轮、六度等四种陀罗尼经的内容置于塔基之内，后人称为《百万塔陀罗尼经》。六年功毕，分置十大寺，史称"万塔院"。作为早期印刷品的实例，《百万塔陀罗尼经》不仅是日本印刷文化史上的重要文物，而且对东亚印刷技术起源问题的研究也具有重要意义。不过日本自《百万塔陀罗尼经》之后200年的时间内，再没有关于雕版印刷的记载和实物遗存。

　　983年，宋太宗将一部《开宝藏》赐给日本僧人，由他带回日本，促进了日本印刷事业的发展，启发了日本人对刻印书籍的兴趣。再加上当时日本佛教盛行，对佛经的需要量很大，只有采用印刷的方法才能满足这种需求，印刷佛经就成为一种风气。据记载，1009年日本印成了1000部《法华经》，1014年又印了1000部，其装订方法也和《开宝藏》相同，这大概是日本正式印刷书籍的开始。日本有确切年代可考的、最早的雕版印刷品是1088年刻印的《成唯识论》，这是我国宋版书传入日本后的产物。

日本早期印刷业的发展，和中国工匠的帮助是分不开的。元末明初，大约有四五十名中国工匠避乱东渡日本，参与了五山版（是指从13世纪中后期至16世纪室町后期，以镰仓五山和京都五山为中心的刻印本）的镌刻工作，其中最有名的是元末的陈孟荣和明初的俞良甫。前者手艺精妙，自称"孟荣妙刀"；后者长期侨居日本，刻书10多种，被称为"俞良甫版"。他们不但刻印佛经，还刻印了识字课本《蒙求》，字书《玉篇》和《杜工部诗》《昌黎先生联句集》等唐宋名家作品，使很多中国著作得以在日本流传。同时，他们还为日本培养了一批优秀刻工，大大提高了日本的印刷质量。中国工匠对日本印刷事业的发展做出了重大贡献，直到今天日本人还忘不了他们的功绩。

　　在日本，活字印刷术的引进和使用都较晚，至16世纪晚期才开始流传开来。在日本早期的活字印本中，有时会出现"此法出朝鲜"的句子。比如1597年日本活字印刷的《劝学文》一书，书中明确记载"此法出朝鲜，甚无不便"。这是为什么呢？这是因为日本的活字印刷术是从朝鲜半岛引入的。1592年，丰臣秀吉攻入朝鲜国都汉城。在汉城的校书馆库内，发现了铜活字及活字印刷工具，便同朝鲜的其他宝物及图书一同渡海运回日本，献于后阳成天皇。日本文禄二年（1593），后阳成天皇敕命用活字印成了《古文孝经》，这是日本第一本活字印本，它开启了日本活字印刷的新历史，但此书仅有此记载，实物现已不存。从此，活字印刷术在日本政府、私人、寺院中逐渐推广开来。

之后，日本天皇下令以朝鲜铜活字为原型，制造木活字，并在日本庆长二年至庆长八年间（1597—1603），连续印刷了《锦绣段》《劝学文》《长恨歌琵琶行》《日本书纪神代卷》《职原钞》《大学》《中庸》等书，这些书合称为"庆长敕版"。后水尾天皇即位，于日本元和七年（1621）继续以木活字印刷了《新雕皇朝类苑》等书，这些书被称为"元和敕版"。与此同时，继丰臣秀吉之后，崛起于日本政坛的德川家康，委任闲室和尚在伏见刻印了木活字10万多个，自1599年起先后排印《孔子家语》《三略》《六韬》《贞观政要》等书，这批木活字本被称为"伏见版"。之后德川家康移住骏河城，他委任中国人林五官担任技术指导，利用从朝鲜半岛引入的那批铜活字，又补铸10368个，印刷了《大藏一览集》《群书治要》等书，这一时期的铜活字本被称为"骏河版"。

日本古代没有自己的文字，是采用汉字记事，后来参照汉字草书和楷书的偏旁，创制了日本文字"假名"，但汉字仍然流行。不过，一直到17世纪，日文版印刷书籍并不多，印刷最多的还是汉文书籍，只是读法不同。

明末时期，以《十竹斋书画谱》为代表的饾版彩色印刷品在海内外盛行，成为学者研究书画艺术的桥梁，对当时的日本浮世绘版画产生了直接且深远的影响。

还有一段中日印刷交流史上的佳话，便是有关《群书治要》的印刷、发行和传承。《群书治要》共50卷，为唐太宗令魏征虞世南、褚遂良等人辑录，此书在中国早已亡佚，但在日本依然流传有古写本。"骏河版"《群书治要》，即是以镰仓僧人誊写的金泽文库本为底本。书尚未成，而德川家康已逝世，所以此书并未被广泛颁行于世。当时仅印了51部，人间罕传。到了日本天明元年（1781），大纳言宗睦有感于此书传世稀少，又以"金泽版"和"骏河版"两版对比校勘，再版印行，并托日本商人以3部转赠中国。魏征等人的这部《群书治要》，在国内失传近500年后，又以这样奇妙的方式回到了自己的故国。由此可见，中国印刷术传入日本，不仅促进了日本文化的发展，也增进了中日两国的文化交流。

三、越南

越南与中国接壤，越南人在很长的历史时期内都使用汉字，所以越南的古籍也多是中文。越南引入中国的印刷术比朝鲜半岛和日本都要晚些，但传播的方式是相同的，都是先通过交换、赠送等形式，从中国引入书籍，并在此基础上学习中国的刻版、印刷技术，逐步开始自己的印刷事业。

11世纪时，中国的书籍传入了越南，当时的北宋政府曾应越南的请求，先后赠送给他们3部《大藏经》和1部《道藏经》，越南的使节也常在北宋的京城汴京购买书籍，或者用土产、香料换回书籍。大量中国书籍流传到越南，对越南的刻版印刷无疑具有启迪作用。

越南最早的印刷记录是1251—1258年户口册的印制。元代蒙古军队攻打越南时，越南在北宋时期从中国请去的那3部《大藏经》和1部《道德经》印本皆毁于兵火。《大越史记全书》曾记载1295年越南陈英宗遣使赴元收得《大藏经》，留天长府（今越南南定省美禄县即墨乡），副本刊行。越南兴隆七年（1299），又印行佛教法事道场新文及公文格式，颁布天下，但诸书今皆不传。越南虽没有刻成全部《大藏经》，但是民间零星刻的佛经却不少。越南考古研究所保存的约有400多种。这类佛经多为施主或僧人刊行，其印版藏于越南河内与北宁、河南、海阳、太平、北江及承天顺化等地70个寺庙内，以便印刷流通，其中河内阐法寺即有藏版20种。

为了学习中国的刻印技术，有越南人专程到中国来。1443年和1458年，越南长津县红蓼人梁如鹄先后两次到中国，学习中国的刻版技术，回国后在乡人中传授这一技术，从而促进了越南民间印刷业的发展。在越南后黎朝时期（1428—1789），儒学经典著作在越南首次得到刊印。1467年刊印了《四书大全》，同年刻雕"五经"书版。越南政府曾数次试图对书籍印刷与流通进行控制。1743年下令禁止购买中国版本的经籍，只允许使用越南版本。1796年，阮朝下令将在河内印刷的官本"四书""五经"发行全国。1806年越南从中国获得历书一部，即以此为基础编制越南历书。此后政府每年均颁布历书，其版式与内容完全遵循中国历书。

越南的私家印书，门类与官方印书相似，包括儒学经典、正史及课本，主要供参加科举考试的士子所用。此外，诗文集、宗谱、小说故事及医药书籍，也时有刊行。

越南较早的印本书籍有三种类型：全以中文刻印、以喃字刻印和以中文印正文而以喃字注释音训。越南印刷出版的中文书籍中，多数为佛、道两教的著作，也有较少数的儒家经书和文学、历史、医药书籍等。

古代越南的书籍绝大多数都是采用雕版印刷，但也有活字印刷的。现知最早出现的活字印刷是1712年采用木活字印刷的《传奇漫录》。后来也曾向中国购买过一副木活字，印刷了《钦定大南会典事例》及《嗣德御制文集诗集》等书。

越南木版年画行业也很兴旺，从题材到印刷方法都和中国的年画相似，很多年画就是翻版自中国。如在中国广为流传的《老鼠娶亲图》也有越南版本，画面刻画出由一群老鼠扮演的骑马的新郎官和送礼、抬轿、吹号的等角色，场面热闹，妙趣无穷，滑稽可笑。还有彩印年画《关公骑马图》，上面画着关羽骑在马上，一手握着马缰绳，一手提着青龙偃月刀，目视前方，按辔徐行，简直和中国年画中的《关公骑马图》一模一样。由此可见越南印刷受中国影响之深。除了神像、佛画及家畜画，还有歌颂生产劳动画、讽刺社会画及美女画、滑稽画等。如耕农之图中

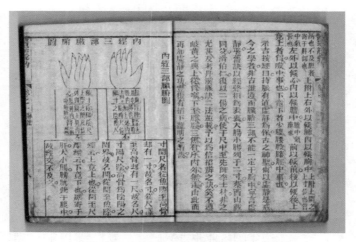

中文《医宗说约》，康熙元年（1662）越南刻本

间写着"农者天下本也"，描绘农业生产程序，用喃字注
明，如默拱（耕田）、纵锄（耙田）、技稿（撒种）、默
搅（插秧）、捌橹（割稻）等。

四、菲律宾

中国的印刷术向菲律宾的传播同样始于通过互通使
者向菲律宾输入印刷品。另外，大批华人到菲律宾定居，
特别是16世纪末形成的以马尼拉巴连市场为中心的华侨社

会。华侨中有刻版、印刷的能工巧匠，这样自然将中国的印刷术带到了菲律宾。这些工匠不仅从事刻书工作，还培养当地的刻工，所以总体而言可以说菲律宾的印刷术及其印刷业是由中国刻工直接传授或经营的。

现存菲律宾最早的印刷书为*Doctrina Christiana*（《基督教义》），为西班牙和他加禄文的合刊本。其扉页刊明是1593年由圣多明尼各派教会在菲律宾首都马尼拉的圣加比里刊行的。全书38页，雕版印刷，现存美国国会图书馆。同时，还有一本雕版印刷的中文《基督教义》，其书名和扉页是西班牙文，但正文是中文。该书用中国白绵纸印刷，竖行排版，中式线装。根据时任菲岛总督哥麦斯·庞列斯·达斯马列那斯在1593年6月20日写给西班牙国王菲利浦二世的信中的一段话——"陛下：鉴于需用甚殷，曾呈准在菲印刷基督教义。兹已印刷完竣，谨附呈两

书：一为此群岛中最好的他加禄土语本，另一为中文本，此后向此两国传道，当更为便利"——可以认为此中文

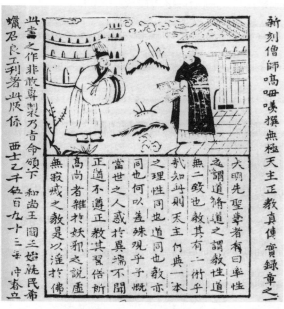

现存菲律宾最早的印刷书 *Doctrina Christiana*（《基督教义》）

本当亦为1593年上半年出版。重要的是，中文本扉页上印着此书由华人工匠龚容（Keng Yong）获准在巴连市场印刷。西班牙王室1556年曾下令，凡在殖民地发售或印刷有关当地居民的著作，必须获当局的许可证。这本书扉页上的两行西班牙文字明确写着"马尼拉巴连华人龚容特准印行"。

印刷术的落地生根，推动了菲律宾的文化传承与传播，谱写了中菲文化交流史上的重要篇章。

五、伊朗

9世纪时，维吾尔族的祖先回鹘人居住在河西走廊和新疆地区。这里是东西方交通的枢纽，是印刷术西传道路上的必经之路，被称为"丝路孔道"。20世纪初，由德国、日本和中国组成的考察队，在吐鲁番的古代寺院遗址中，发现了17种文字所写的文件，还有6种文字的雕版印刷品，其中以汉文、维吾尔文、梵文为最多。1907年，在敦煌发现了大约在1300年回鹘人创制的维吾尔文的木活字。经过对这些印刷遗物的分析，表明在十三四世纪的时候，作为东西方文明的交汇之地，这一地区的印刷业曾经相当发达。

元政权稳固后，积极推动纸币大规模印制。元世祖于1260年印制"中统钞"，统一币制，此后纸币取代金银等的一般等价物，成为人们生活中的"必需品"。纸币也成为中

元中统钞壹贯文省

亚、西亚及欧洲旅客所接触的最早的中国印刷品。纸币的印制，集当时先进的造纸、印刷技术于一身。外国人士自元归国后，在其著述中针对元朝纸币的材质、大小、文字、币值、兑换流通等情况，各自发表过准确叙述。其工艺水平和流通能力令世界其他国家和地区的人们惊讶不已，他们惊叹其为"点纸成金"的魔术。

伊儿汗国率先照搬元朝纸币印制形式，试图举国发行纸币。伊儿汗国位于今中亚南部至西亚一带，首都是帖必力思（伊朗西北境，今称"大不里士"）。1283年，元朝使臣孛罗向伊儿汗国统治者详细呈报了至元宝钞的印制及发行办法，将纸币印刷知识带到了伊儿汗国。1294年5月，伊儿汗国开始在首都印制纸币。当时伊儿汗国已熟练掌握中国的造纸技术，有大量纸张制作工坊，制作的纸张平整美观，质量上乘。纸币版式设计和内容基本仿照元朝纸币，以木刻雕版进行印刷，进行单张双面刷印，之后加盖印章，填写官方信息，最后裁切成纸币。这也是伊儿汗国第一次使用雕版印刷术。帖必力思地处中、西亚政治中心，许多国家的商人、僧侣云集于此进行商贸、宗教、文化等活动，因此纸币流通范围扩大，印刷知识传播到中、西亚及欧洲诸多未接触到纸币的国家。伊儿汗国的宰相拉施特所著的《史集》于1311年以抄本的形式首次公开，书中记述了伊儿汗国发行纸币的经过。

　　虽然伊儿汗国纸币的发行因引发震荡而告失败，但是这次印制实践在中国印刷术外传史上却具有划时代的意义。这是中、西亚地区第一次使用中国雕版印刷术，试行中国纸币制度，阿拉伯人由此获取了印刷知识，认识到中国印刷术的价值。从此，印刷术为保护阿拉伯遗产、阿拉伯文明和科学知识做出了巨大贡献。

第二节　印刷术在欧洲的传播与影响

中国发明的造纸术于12世纪传到欧洲，但直到14世纪造纸业才在欧洲兴盛。造纸业的发达为印刷术在欧洲的落地生根奠定了物质材料基础。印刷术是何时、通过何人传到欧洲的无法确认，但可以确定的是，在中西方漫长的交流过程中，通过来华的欧洲商人、旅行家和传教士，经过波斯、埃及、俄罗斯等路线，把中国印刷的纸牌、纸币和书籍传入欧洲，不仅开阔了欧洲人的眼界，也促进了他们对印刷的需要，使欧洲的印刷业发展起来。印刷术向欧洲的传播不仅通过丝绸之路，也经由北部的路线。元代，蒙古对中亚、波斯、俄罗斯和欧洲的征战导致新的贸易和文化中心的产生，为中国同波斯、阿拉伯及欧洲的接触提供了便利。这个时期，东西方在宗教和文化等方面的交流，达到了空前的程度，为印刷术的西传创造了有利的环境。

　　元代时就有欧洲人来到元大都传播教义。当时中国的雕版印刷术已经很普遍，中原汉地、西夏的活字印刷术创制和使用已有100多年的历史，所以那些西方传教士用雕版或活字印刷经书是很自然的事情。现存欧洲最早的印刷品，就是刻印于1423年的《圣克里斯托夫与基督

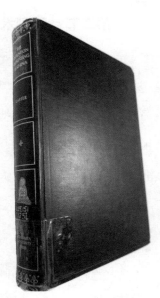

美国哥伦比亚大学出版社1925年出版的毛边本《中国印刷术的发明和西传》

渡水图》，能看到其在版式上也受到中国的影响。钱存训所著的《纸和印刷》中曾引用英国旅行者罗伯特·柯

松的观点：欧洲和中国的雕版印刷术几乎在每个方面都是如此相似，"我们猜想这些书的印刷可能是从古代中国的样本仿制而来，这些样本则是由某些早期的游历者从中国带来，他们的名字没有流传至今"。16世纪的西班牙历史学家胡安·冈萨雷斯·德·门多萨（Juan Gonzalez de Mendoza，1545—1618）在其著《中华大帝国史》一书中，介绍了中国的制炮技术和印刷术，他认为，中国使用大炮早于西方国家，印刷术也早于德国的谷登堡。他说："现在他们（指中国）那里还有很多书，印刷日期早于德国开始发明之前500年，我有一本中文书，同时我在西班牙和意大利，也在印度群岛看见其他一些。"的确，欧洲的雕版印刷是吸收中国书籍的形式，而且从写样、刻版、印刷到装订，都是按照中国的工艺方法做的。

　　威尼斯人在元代到过中国的不少，而威尼斯又是欧洲

《圣克里斯托夫与基督渡水图》，藏于约翰·莱兰兹大学博物馆

知道中国印刷纸牌最早的城市。在欧洲初知纸牌之时，纸牌的游戏在中国至少已流行了200年。

13世纪，意大利的马可·波罗等人在我国看到印刷的纸币，都感到特别地新鲜，非常惊奇，赞不绝口地记录下来纸币的形状、大小、币值、上面印刷的文字、墨印及兑换方法等。他在《马可·波罗游记》中详细叙述了中国印刷纸币的情况。这说明了当时非洲和欧洲还没有纸币。他的这些介绍，使欧洲人知道了中国人的印刷情况。

14世纪末和15世纪初，欧洲开始出现了用木版雕印的纸牌、宗教画、宗教书籍和小学生用的拉丁文法课本等，其中纸牌是最早在欧洲出现的版画印刷品之一。这时，意大利的威尼斯也是印刷画像的中心，它印刷的纸牌盛极一时。到15世纪中期，雕版印刷术在欧洲已相当普遍了。

在欧洲雕版印刷普及的基础上，在毕昇发明活字印刷术400多年之后的1450年左右，德国人谷登堡对活字印刷术进行了创新。毕昇与谷登堡二人在活字印刷的原理上没有多大差别，但是谷登堡在活字印刷流程中，将关键的两道工序——活字制作和刷印过程进行了革新，批量铸造铅活字并发明手扳式印刷机，开创了工业印刷时代。

在谷登堡发明印刷机之后不久，活字印刷术很快在欧洲各国流行起来，单是威尼斯一地，在15世纪末期，新设立的活字印刷所就约有100个，出版书约有200万册。印刷术结束了欧洲僧侣垄断文化教育的状况，促进了欧洲文艺复兴。正如马克思所指出的："印刷术变成科学复兴的手段，变成对精神发展创造必要前提的最强大的杠杆。"

西班牙历史学家门多萨在《中华大帝国史》中提出，谷登堡受到中国印刷技术影响。中国的印刷术通过两条途径传入德国，即一条是经俄罗斯传入德国，另一条是通过

1476 年，英国第一个印刷商威廉·卡克斯顿向爱德华四世国王和王后展示他的印刷机和印刷的英文书

阿拉伯商人携带书籍传入德国，谷登堡以这些中国书籍作为他的印刷蓝本。门多萨的书在当时很快被翻译成法文、英文、意大利文，在欧洲产生很大影响。法国文学家米歇尔·德·蒙田、历史学家路易·勒·罗伊等欧洲学者赞同门多萨的论点。

关于欧洲活字印刷术的历史，西方各国也存在一些争议。英国《不列颠百科全书》还提到，1423—1437年，荷兰人劳伦斯·杨松·科斯特（Laurens Janszoon Coster,

1370—1440）刻制木
活字刊印荷兰文的拉
丁文法和大的标题字
获得成功，而正文活
字的雕刻质量未能胜
过雕版，因此未被推
广。这个记载比谷登

早期手动印刷，1982 年丹麦发行邮票纪
念 1482 年在欧登塞设立印刷所

堡发明铅活字印刷术的记载要更早一些。

　　然而，被西方人奉若神明的谷氏活字术并没有引起
中国人的关注，因为中国人早已对活字印刷习以为常，并
且，雕版印刷几乎完全能够满足古代社会对于文化产品的
需求。铅活字最终在中国盛行与近代报业在中国的萌芽
密不可分。19世纪西式报刊刚刚进入中国之际，依然只能
"入乡随俗"，采用中国传统雕版印刷术出版。因为有一

个天然的中西方文化冲突横亘在印刷机之前：那便是文字的冲突，西文与中文的排版、制版工艺存在天壤之别。对于中国的印刷术来说，代表压力和速度的印刷机并不是"卡脖子"的难题，难的是海量中文活字的工业化生产和重复使用。

现代报刊印刷与中国传统的印刷模式有所区别，它有四个独特、鲜明的特点：一是对制版速度的要求很严苛。早期的报纸就叫新闻纸。如果依靠传统手工木刻印版这种方法，制版时间过长，显然新闻容易成为旧闻。二是印刷工艺难度大。报纸通常幅面较大，如果用传统的刻版方式，质量难以保证，使用平压平的铅版印刷机能保证大幅面印刷的质量。三是印量较大。这也是报纸作大众传播媒介界"扛把子"的重要特征，而大批量报纸要在短时间内印成，非印刷机莫属。四是报纸的新闻性决定了印版的一次性，雕版印刷的经典有再版的可能和保存的必要，而报纸则需要频繁更换版面相似但内容不同的印版。在当时普遍应用的印刷技术中，同时满足这四点的就只有以印刷机领衔的铅活字技术。

在印刷术中西交流互鉴的大潮中，吃苦耐劳的中国工匠，以难以想象的韧性和工匠精神，最终完成了"范铜模、铸铅字"这一浩大的工程，解决了活字制造工业化这一瓶颈，铅活字得以批量、反复铸造，并能实现机械化和标准化。因此，中国印刷业工业化进程的开启，印刷机的引进并不是唯一的标志，制造批量生产活字的中文铜字模技术的完善更加重要。这是中文印刷与西文印刷最根本的区别，也是近代由西方学者开启的印刷史学研究中被忽略的研究方向。在西方印刷术话语体系中被奉若神明的谷登堡印刷术，不仅其活字原理来自中国，而且其"范铜铸

西非的多哥共和国于 2000 年发行的千禧年系列邮票，展示公元 1000 年至 1050 年影响人类进程的重要事件，其中包括中国发明的活字印刷术

字"的铅印术，在中文世界广泛应用的时间不过100年，与中华民族5000年的文明史，与中国1000多年的印刷史相比，不过是弹指之间。

除了亚洲和欧洲，中国印刷术同样逐渐影响了世界其他国家和地区。19世纪末有50张木版印刷品在埃及某古城废墟中被发现，都是用古阿拉伯文字印的伊斯兰教的祷词、符咒和《古兰经》残页，据说是印于900年至1350年，其印刷方法和中国印刷方法极为相似。因此，有的学者认为可能是蒙古军西征时，把印刷术传到阿拉伯各国之后，于14世纪初，由旅行者和商人把印刷术传到了埃及。这样，中国印刷术就传到了非洲。此后，印刷术又先后传入美国、加拿大和澳大利亚。我们可以骄傲地说，中国印刷术传遍了也影响了全世界。

第六章

传统印刷术的当代传承

在信息化高速发展的今天，传统的手工雕版印刷术和活字印刷术已经远远满足不了当前人们对印刷的需求。然而，传统古老的手工印刷术一刻一划所蕴含的文化底蕴，已融入中华民族的文化血脉之中。印刷术作为中国优秀传统文化的传播载体，凝聚着中华民族情怀，蕴含着值得传承的工匠精神。因而，传承和宣扬传统印刷术所蕴藏的精神文化内涵对当前时代发展仍具有十分重要的意义。1996年，中国印刷博物馆落成开放，从此，印刷术的传承与宣扬有了国家级的文化殿堂，人们可以在印刷博物馆了解印刷历史、品味印刷文化、欣赏印刷文物、体验印刷技艺。在中华优秀传统文化全面复兴的当代，古老的传统印刷术正在实现创造性的转化和创新性的发展：雕版印刷术已实现活态化传承；活字印刷术融入了孝敬理念，在家谱制作中广为流传；木版水印将彩色绘画技术融入印刷之中，实现了古画的逼真复制。

第一节　雕版印刷技艺的当代传承

2006年，雕版印刷技艺入选第一批国家级非物质文化遗产名录。江苏南京金陵刻经处、扬州广陵古籍刻印社和四川德格印经院是目前国内雕版技艺保存最好的三家单位。2009年，这三地联合申报的"中国雕版印刷技艺"被联合国教科文组织政府间保护非物质文化遗产委员会列入世界非物质文化遗产名录。

雕版印刷术在当代依然是佛教经典的主流印刷技术。例如南京金陵刻经处是世界范围内汉文木刻佛经的出版中心和佛教义学的研究中心，也是佛教文化、历史文化及非物质文化的集合地。金陵刻经处一方面流通、刻印佛经和佛像，不断扩充经书流通目录；另一方面，还进一步拓展了传统雕版印刷技艺的实用性，如用不同的字体、套色等方式刻印传统文化的经典读本，将一些书画名家的画作进行雕版印刷制作。

四川德格印经院更是被誉为世界上门类最齐全、版式最独特、雕刻最精良、字体最精美、校对最严密、保护最完好的藏文传统雕版印刷馆，始终延续着传统的印经方式。印经院所印刷的文献典籍，不仅在中国广大藏区得到传播，也被中国诸多博物馆和研究机构收藏，还远销印度、尼泊尔、不丹、日本及东南亚国家和地区，一些重要典籍更是被亚、美、欧三大洲的图书馆收藏。

2003年8月经国务院批准，扬州市成立扬州中国雕版印刷博物馆，将扬州广陵书社收藏的30万古书版片并入扬州博物馆新馆，建立"扬州双博馆"。2019年，扬州广陵古籍刻印社正式成为中国印刷博物馆的分馆之一。扬州市通过打造雕版印刷技艺活态旅游区项目，将印刷文化与旅游巧妙结合，推动中国雕版印刷技艺活力展现、活化利用、活态传承。

四川德格印经院

2009 年联合国教科文组织为中国雕版印刷技艺颁发的世界非物质文化遗产名录证书英文版

2009 年联合国教科文组织为中国雕版印刷技艺颁发的世界非物质文化遗产名录证书中文版

第二节　活字印刷技艺的当代传承

　　泥活字、木活字也好，铅活字也罢，其核心原理都是一样的，都属于活字印刷术，也都属于凸版印刷。自毕昇发明活字印刷术之后，中国人应用过各种各样的材料制作活字，如铅、锡、木等。众多的材质的活字中，木活字在中国古代应用最广泛。早在元代，王祯就在《农书》之末专门附《造活字印书法》，详细介绍了木活字的印刷工艺。相对于雕版印刷来说，活字印刷在古代汉字印刷中应用较少，但是千年来一直沿用，从未中断。2008年，木活字印刷技术被列入第二批国家级非物质文化遗产名录，中国活字印刷术于2010年被联合国教科文组织列入"急需保护的非物质文化遗产名录"。

　　在浙江省瑞安市高楼镇（原平阳坑镇）东源村，有一座老宅已有400余年的历史，这里原为刻印世家王氏的老宅。9年前这里由政府收购修缮，成为中国木活字印刷文化村展示馆。对于东源当地乃至附近的许多居民来说，即使到今天，木活字印刷也并非充当闲趣的工艺制作，而是一种生活的必需。因为木活字印刷术在这里，是依托编修印刷宗谱而延续传承下来的。宗谱与正史、方志构成了中国历史的三大支柱。它以表谱姓氏记载一个家族世系的变迁，帮助人们获知自己的来处，将族脉凝聚。

那么，瑞安是怎么解决汉字活字印刷的瓶颈——海量汉字的拣字难题呢？

在这一点上，瑞安王氏是有着独特的"知识产权"的。他们创作了按方言平仄入韵的"五言诗"来作为"拣字诀"："君王立殿堂，朝辅尽纯良。庶民如律礼，平大净封疆。折梅逢驿使，寄与陇头人。江南无所有，聊赠

浙江瑞安中国木活字印刷文化村展示馆

浙江瑞安中国木活字印刷文化村木活字技艺传承人

数枝春。疾风知劲草,世乱识忠臣。士穷见节义,国破别坚贞。台史登金阙,将帅拜丹墀。日光升户牖,月色向屏巾。山迭猿声啸,云飞鸟影斜。林丛威虎豹,旗炽走龙蛇。卷食虽多厚,翼韵韬略精。井尔甸周豫,特事参军兵。饮酌罗暨畅,瓦缺及丰承。玄黄赤白目,毛齿骨革角。发老身手足,叔孙孝父母。来去上中下,杂字俱后落。"将木活字按照"拣字诀"的顺序排列在一屉屉字盒中,熟练背诵口诀的技师就可以自如地拣字和排版。

当然,全国各地的活字印刷技艺的传承人和传承场所还有很多,比如福建三明宁化客家人仍然有用木活字印家谱的传统,也因此,那里的木活字技师还在代代传承。2015年,中国印刷博物馆福建印刷文化保护基地在宁化设立,使活字印刷术的应用有了稳定的场所和传承人。

当代,人们生活水平不断提高,对美好生活有了进一步的追求，随着传统文化的回归，以活字为元素的文化创意商品成为热点，例如活字印章、活字印版、活字饰品等。各地的活字印刷工艺传承人也都在为文化产业忙碌着。

第三节　套版彩印技艺的当代传承

工业化的文明进程使得印刷技术得到了飞速发展，同时在内容的传播方式上，工业化印制也取代了手工印制。但手工的制版技术依然为艺术所用，作为艺术的一种表现手法依然存在，发展至今，手工印制已不单纯是以复制图像为手段，而是已经作为一种媒介的表现方式被艺术家选择和使用，例如年画印刷技艺的当代传承。

中国民间木版年画于2002年被列入"中国民间文化遗产抢救工程"首批抢救名单。2006年，木版年画经国务院批准列入第一批国家级非物质文化遗产名录，这一批名录中包括了以下11个地区的木版年画：杨柳青、武强、桃花坞、漳州、杨家埠、朱仙镇、滩头、佛山、梁平、绵竹、凤翔。2008年第二批国家级非物质文化遗产名录又新增了平阳、东昌府、张秋、滑县、夹江5地的木版年画。2011年，第三批国家级非物质文化遗产名录中又将老河口木版年画列入扩展项目。这些地区不仅建立了年画博物馆展示年画的历史，而且仍然有着代代传承的匠人刻印、售卖年画。在中国优秀传统文化全面复兴的当代，很多家庭都保留着春节张贴对联、福字、年画的传统。因此，古老的木版年画技艺将在新时代得到传承和发扬。

　　提到"木版水印"一词，人们自然就将它与传统印刷联系在一起。实际上，木版水印工艺固然源远流长，但这个词的出现是现代的事情。20世纪50年代初，艺术家将明代末年传承下来的传统饾版彩色印刷技艺，引入到中国传统书画的复制中来，形成了一种新的版画风貌，并将这门技艺提炼为通俗易懂的"木版水印"一词。木版水印在高仿真书画复制领域成就斐然，常常"以假乱真"，这也正是木版水印的核心价值所在。因为木版水印所用纸张、色料都跟原作完全相同，只是让一块块木头代替了毛笔。如今，木版水印也正向文创产品、旅游纪念品领域拓展，贴近生活的木版水印艺术品，将使传统的套版彩色技艺走得更远。

2006年，荣宝斋的"木版水印技艺"被列入第一批国家级非物质文化遗产名录。2014年，上海朵云轩艺术发展有限公司入选第二批国家级非物质文化遗产生产性保护示范基地。2014年，由杭州十竹斋艺术馆申报的"木版水印技艺"入选第四批国家级非物质文化遗产代表性项目名录。

中国非物质文化遗产标志

1950 年荣宝斋木版水印《第一届全国
出版会议纪念册》

参考书目

1.陈登原：《陈氏高中本国史》，世界书局，1933年。

2.李英：《中国彩印二千年》，江西科学技术出版社，2009年。

3.〔明〕胡应麟：《少室山房笔丛》，上海书店出版社，2001年。

4.世界图书编辑部：《世界图书1981》，中国图书进口公司，1981年。

5.〔日〕释宗睿编：《新书写请来法门等目录》，大纶频伽精舍，1911—1920年。

6.孙向东主编：《中国古典名著百部》，中国社会出版社，1999年。

7.张秀民：《中国印刷史·上　插图珍藏增订版》，韩琦增订，浙江古籍出版社，2006年。

8.牛达生：《西夏活字印刷研究》，宁夏人民出版社，2004年。

9.张树栋、庞多益、郑如斯等：《中华印刷通史》，郑勇利、李兴才审校，印刷工业出版社，1999年。

10.〔元〕脱脱等：《宋史》，中华书局，1977年。

11.〔北宋〕沈括：《梦溪笔谈》，施适校点，上海古籍出版社，2015年。

12.唐绍明主编，《北京图书馆同人文选》编委会编：《北京图书馆同人文选·第二辑》，书目文献出版社，1992年。

13.戚志芬：《中菲交往与中国印刷术传入菲律宾》，《文献》1988年第4期。

14.［西］门多萨：《中华大帝国史》，孙家堃译，中央编译出版社，2009年。